"十四五"普通高等教育本科部委级规划教材

U0162803

结构造型创意服装设计

胡越◎著

中国纺织出版社有限公司

内 容 提 要

对于创意性的服装设计而言，深刻理解千变万化的服装造型是如何产生的，其中各部分的构成关系及其结构如何，是至关重要的。服装艺术本就是一门软雕塑艺术，塑造服装形态的关键就是掌握结构与造型的关系及其构成手法，而且是创意服装设计的方法理论和技法中最为核心的部分。

本书以笔者多年对服装结构造型的研究为基础，介绍了创意服装、结构、造型的概念、关系与历史，创意思维的方法与实践，结构造型设计的原理与因素，以及结构主义和解构主义创意理论与手法，并对大量详实的案例进行设计实务分析与解读。

本书图文并茂，内容丰富，可供服装设计专业院校师生学习借鉴，也可供相关从业人员阅读参考。

图书在版编目（CIP）数据

结构造型创意服装设计 / 胡越著 . -- 北京：中国
纺织出版社有限公司，2022.11
"十四五"普通高等教育本科部委级规划教材
ISBN 978-7-5180-9736-4

Ⅰ. ①结⋯ Ⅱ. ①胡⋯ Ⅲ. ①服装设计—高等学校—
教材 Ⅳ. ① TS941.2

中国版本图书馆 CIP 数据核字（2022）第 134971 号

责任编辑：孙成成　责任校对：寇晨晨　责任印制：王艳丽

中国纺织出版社有限公司出版发行
地址：北京市朝阳区百子湾东里 A407 号楼　邮政编码：100124
销售电话：010 — 67004422　传真：010 — 87155801
http://www.c-textilep.com
中国纺织出版社天猫旗舰店
官方微博 http://weibo.com/2119887771
北京通天印刷有限责任公司印刷　各地新华书店经销
2022 年 11 月第 1 版第 1 次印刷
开本：889×1194　1/16　印张：10.5
字数：185 千字　定价：69.80 元

设计要义之一在于创新，没有创意的服装设计作品就如同没有灵魂的、裹覆于人体外的躯壳。服装设计中得以实现创意的路径主要有三个方面，即结构造型、色彩图案、材料工艺，三者密不可分，互为依托。其中尤以结构造型的设计变化最为重要，这就如同建造一座楼宇，首先要建构框架，然后考量用什么材料建造墙顶，用什么色彩加以装饰。于是，解决框架问题的结构造型成为整栋创意服装设计"建筑物"的基础。而且，结构造型也是三者中艺术灵感与工程技术结合最紧密、配比最平均的方面。相较而言，色彩图案更依赖于艺术感觉，而材料工艺中工程技术所占的比重更大，因而对服装结构造型的创意设计需要具备更为均衡的感性和理性思维，所以也最难掌握和创作。

正因如此，笔者基于多年的教育教学研究和实践经验总结，为了提升我国服装产业的创意设计能力与水平不辍探索，逐渐形成了一整套指导结构造型创意服装设计的理论体系，并汇聚了丰富详实的案例加以论证，最终凝练成为本书来为广大的服装专业院校师生、服装设计工作者，以及服装设计爱好者提供参考与借鉴。

本书共分为七个章节，按照设计学科与服装专业规律，由浅入深地介绍和阐释了结构造型创意服装设计的各方面理论与方法。第一章是对结构造型创意服装设计的概念与历史的介绍，通过对三个历史发展阶段的界定，帮助读者从纵向的维度把握脉络和现状。第二章再从创意思维的概念切入，强调其之于服装设计的内核与价值，对创意思维的六大特征进行介绍，对

创意思维的八种类型加以阐述，并推导出了服装结构造型的八种创意设计方法。第三章则是对结构造型创意服装设计最基本的设计原理阐释，围绕点、线、面、体四大要素在服装上的表现形式进行了分别阐述，并整合介绍了四大要素的综合运用手法。第四章开始进入与实践密切关联的、影响服装结构造型的三大因素，就如何把握好人体的因素、面料的因素和裁剪的因素加以阐释，尤其介绍了平面裁剪和立体裁剪方法。第五章和第六章是本书最核心与精深的部分，先后介绍了结构主义和解构主义两种最重要的结构造型创意理论和手法，揭示了两者都有很强的"结构"意识，都需要对服装内在结构设计进行高度理性化的思考，真正注重结构设计的服装才是具有生命力的创意作品。第七章是关于结构造型创意服装设计的实务流程介绍，旨在为读者提供从原点开始的步骤讲解，最终以一套完整的案例分解作为结尾。

中国是世界服装产业之林中产销量最大的国家，但还不是服装设计行业最强的国家，这表现在时尚中心的影响力和品牌的国际化程度等方面，而要实现中国服装的强国梦想，最核心的竞争力就在于创新能力的提升，以及创新人才的培养，本书所著之意就是为此目标尽一份绵薄之力。

最后，在付梓之际，要感谢为本书能够面世而辛劳付出的中国纺织出版社有限公司的孙成成编辑及其同事，他们提出了许多中肯的意见和建议。还要感谢笔者的工作单位上海工程技术大学，为本书提供的大力支持，同时一并感谢所有提供帮助的同事、家人和朋友们！

2022年6月

目录
CONTENTS

第一章

概念与历史

第一节   什么是结构造型创意服装设计

对于"结构造型创意服装设计"这门服装艺术设计分支学科的概念把握，需要从三个层面，或将其分解为三个词语来阐释，分别是造型、结构、创意。

按照《现代汉语词典》中的释义，"造型"指："创造物体形象（动词）；也指创造出来的物体形象（名词）"。也就是说，造型既是一种行为——塑造，也是这种行为的结果——形象（包括二维形象和三维形象），与英文中的"Modelling""Moulding""Sculpting"等比较接近。

"结构"指："各个组成部分的搭配和排列（名词）；建筑物上承担重力或外力的部分的构造（名词）；组织安排（动词）"。"结构"也是搭建整体的构成方式及其行为，与英文中的"Construction""Structure"等比较接近。

"创意"指："有创造性的想法、构思等（名词）；或提出有创造性的想法、构思等（动词）"。这既是对现实存在事物的理解以及认知所衍生出的一种新的抽象思维和行为潜能，也是这种行为本身，与英文中的"Creation""Creativity""Originality"等比较接近。

由此可见，这三个词语的一个共性在于其名词与动词属性的高度统一性。换言之，它们既是行动方式，也是行动状态；既是行为目的，也是行为本体；在动作进行的同时，结果一并产生。因此，在词义概念理解的层面就已经提示我们：行为的属性等同于行为的结果，即只要是在进行着组织、安排和创造形象的动作，就能实现服装设计的结构造型创意结果。而且，在艺术设计的界域，这三个层面还有更加具体的含义。

首先，在艺术设计中的造型，是指用一定的物质材料，如绘画用颜料、绢、布、纸等，或雕塑用木、石、泥、铜等，按审美要求塑造出可视的平面或立体形象。造型存在于一切具有维度的具象事物中，可以通过视觉感受到各种事物的形态。例如，有着"波点女王"之称的草间弥生（Yayoi Kusama），运用她所创作的各种波点平面造型，进而将这些造型衍生到了服装和雕塑的立体形象中（图1-1）。

其次，物体处于空间的形状，是由物体的外部轮廓和内部结构组合起来形成的。例如，帽子、杯子、桌子等物体的形状不同，外部特征各异，内部构造不同，造型便是把握物体的主要内部和外部特征所创造出的物体形象。在艺术家杰夫·昆斯（Jeff Koons）创作的《银色兔子》中，就使用了不锈钢金属材料，塑造了一只看似是塑料气球做成的银色的拿着胡萝卜的兔子，从而成为波普艺术作品中的经典之作（图1-2）。

就这个意义而言，服装设计即通过一定的内部结构组成关系，由原本平面的面料及辅料，通过裁剪和缝制，构造成一个可为人体穿着的、具有空间造型的物体，这也是结构造型服装设计的本质含义所在（图1-3）。

最后，所谓的创意，则是指对于传统的叛逆，是打破常规的思维方式，是破旧立新的创造，是新旧思维的碰撞，是具有新颖性和创造性的想法。从这个层面而言，创意服装设计就是对传统服装设计观念和样式的打破、革新与再造（图1-4）。

综上所述，结构造型创意服装设计，就是通过对原有服装结构与造型的变化、创新或者解构与再创造，来获得一种全新的服装样式和风貌的设计手法。又因为在服装设计的三大构成要

图1-1 草间弥生与她所创造的平面和立体的造型

图1-2 美国当代知名的波普艺术家——杰夫·昆斯的作品《银色兔子》

图1-3 这款服装的头饰、肩部和臀部，以及整体造型，都因其内部衣片的结构组织关系而造就

图1-4 这款服装的创意在于将帐篷的结构融入了服装的造型中

图1-5   基于结构造型的迪奥品牌创意服装设计作品

素，即款式、色彩和材料中，结构造型是直接影响款式效果的设计要件，所以说结构造型也是
创意服装设计的根本途径之一。对于结构造型服装的创意设计的训练通常需要使用单一或素色
的各种质感材料来展开（图1-5）。

 思考与练习

◉ 怎样的服装结构造型才能称之为是有创意的？
◉ 根据对结构造型创意服装设计定义和概念的初步认识，在各类服装媒体中收集符合结构造型
  的创意作品图片20幅，并分析其各自的特色。

第二节   服装造型的特征

　　服装是穿着在人体身上的物件，基于人体三维立体结构的特征，围绕人体展开的服装也是
一种由三维空间所表示的物体，可以从空间的上下、左右、前后任何一个角度观察其立体形

态，研究其美感，因此，服装造型属于立体构成的范畴（图1-6）。

　　服装构成的造型要素主要包括点、线、面、体四大要素。服装主要就是通过对服装材料实体的点、线、面、体基本形式，进行分割、组合、积聚、排列等设计，从而产生形态各异的服装造型（图1-7）。

　　就构成理论来说，点的移动轨迹形成线，线的移动轨迹形成面，面的回转与结构组合形成体，服装设计的目的之一就是运用美的形式法则将这些要素组合而成一种完美的造型（图1-8）。关于点、线、面、体的设计将在后面的章节中展开详细论述。

图1-6　服装造型具有三维立体空间形态的特点

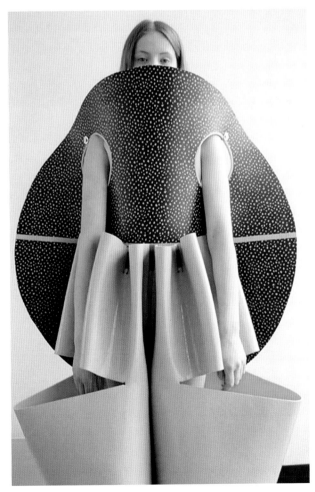

图1-7　由点、线、面、体四大要素构成的服装造型

图1-8　运用立体构成的空间原理和纸的材料设计的创意服装作品

一、造型具有一定的外部形状

服装的造型分为两种类型。一种是服装的正面或侧面的外部轮廓，如同剪影，我们称为"廓型"（Silhouette）（图1-9）。廓型与廓型线不同，廓型线指主体的边缘线，而廓型为实心形状。任何视觉艺术中都要考虑廓型的设计。服装的廓型指着装后人体呈现出的整体形状。当服装穿在人体上的时候，人们首先看到廓型，然后逐步浏览服装的细节、面料和肌理等。因此，服装的廓型是服装款式造型的第一特征，而且我们可以用不同的方式来表示这些廓型。

（一）字母表示法

字母表示法是以英文字母形态表现服装造型特征的方法，如克里斯汀·迪奥（Christian Dior）曾在20世纪40~50年代推出一系列字母造型的时装，分别用X、A、H、T、Y等英文大写字母来代表他作品的廓型（图1-10）。

1. A型

A型的服装面貌，上衣或大衣以不收腰、宽下摆，或收腰、宽下摆为基本特征。上衣一般肩部较窄或裸肩，衣摆宽松肥大；裙子和裤子均以紧腰、阔摆为特征（图1-11）。

2. H型

H型的服装面貌，上衣或大衣以不收腰、窄下摆为基本特征。衣身呈直筒状，裙子和裤子也以上下等宽的直筒状为特征（图1-12）。

3. T型

T型的服装面貌，上衣、大衣、连衣裙等以夸张肩部或者袖山部分来突出设计重点，并以收缩或者紧窄的下摆为主要造型特征（图1-13）。

图1-9　从正面或侧面看到的剪影就是服装的廓型

图1-10　克里斯汀·迪奥在1947年推出的"新风貌"（New Look）造型，并用X型来代表

图1-11　廓型为A型的连帽羽绒服造型

图1-12　廓型为H型的短袖衬衫和阔腿裤造型

图1-13　廓型为T型的大袖连衣裙造型

图1-14　欧洲巴斯尔时期的S型女装廓型

4. X型

X型的服装面貌，上衣和大衣以宽肩、阔摆、收腰为基本特征；裙子和裤子也以上下肥大、中间瘦紧为特征。

除上述造型之外，还有O型、Y型、S型等各种与字母非常接近的服装廓型，如巴斯尔（Bustle）时期❶的女装廓型从侧面看很接近于S型（图1-14）。

（二）物态表示法

物态表示法是另一种特征表述方式，就

---

❶ 19世纪70年代，欧洲女装的巴斯尔式长裙取代了克里诺林（Crinoline）式长裙。巴斯尔长裙因突出后腰的裙撑（Bustle）而得名，特指臀部高高隆起的裙子。因此，19世纪70~80年代，这一时期被称为"巴斯尔时期"。

是以大自然或生活中某一形态相像的物体表现服装造型特征的方法，如香奈儿（Chanel）的经典郁金香型、蝴蝶型（图1-15）、鱼尾型（图1-16）、马蹄型、橄榄型、伞型（图1-17）等。运用物态表示法表达的服装廓型较之字母表示法通常会更加生动和形象，也具有更多的细节局部表现。

（三）几何表示法

几何表示法是较为接近字母表示法的，即以特征鲜明的几何形态表现服装造型特征的方法，如圆形（图1-18）、矩形、三角形（图1-19）、椭圆形、梯形（图1-20）等。几何表示法可以单独表示整体廓型，也可以用组合的方式表示整套服装的廓型，如圆形叠加矩形，上装

图1-15　廓型为蝴蝶型的连衣裙造型　　图1-16　廓型为鱼尾型的连衣裙造型　　图1-17　廓型为伞型的连衣裙造型

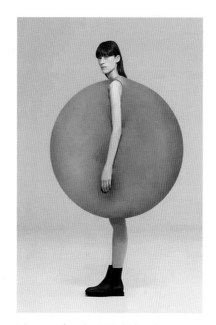
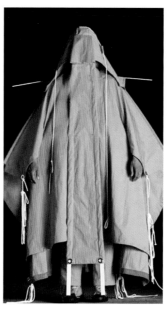

图1-18　廓型为圆形的创意服装造型　　图1-19　廓型为三角形的创意服装造型　　图1-20　廓型为梯形的创意服装造型

为三角形、下装为椭圆形等描述。

（四）体态表示法

较之于前述三种仅单独表现服装廓型的表示法，体态表示法则是以服装与人体的关系及状态表现服装造型特征的方法，包括：贴体型、合体型、游离型三类。

1. 贴体型

所谓贴体型，就是服装廓型基本与人体造型完全一致的表达方法。服装与人体之间几乎没有多余的空间，廓型随人体轮廓的起伏而变化，并且往往可以采用具有弹性的面料来加强这种贴体性的视觉效果（图1-21）。

2. 合体型

所谓合体型，就是服装廓型与人体造型基本一致的表达方法。服装与人体之间除了必要的活动量空间以外，如腋下、衣摆、裙摆等处的余量，基本为较挺直的轮廓，而且往往采用较为挺括的面料来体现服装相对独立的造型特征（图1-22）。

3. 游离型

所谓游离型，就是服装廓型基本独立于人体造型之外的表达方法。服装与人体之间除了承重的部位以外，如领部、肩部、腰部、裙摆等处，基本体现了服装本身的轮廓，而且往往采用较为硬挺的面料，甚至以鱼骨和撑垫物来体现服装独立的造型特征（图1-23）。

总而言之，服装的廓型表示法是基于整体着装形态而言的概貌型描述方法，并不拘泥于一些细节部分的凹凸与装饰等变化，着重于描述一整套服装给观者的特征面貌。

图1-21　贴体型的连衣裙廓型　　　　图1-22　合体型的西装裙套装廓型　　　　图1-23　游离型的创意服装廓型

（五）廓型表示流行度

除了可以有不同的表示方法，服装廓型因时代的变化还可以表示流行度，几乎在每个年代或不同历史时期，流行时尚中都有独特的廓型，使我们看到服装廓型就能判断出属于哪个年代或历史时期。因此，廓型可以标识流行演进的脉络，我们往往可以通过廓型来判别一款服装的年代（图1-24），甚至通过廓型来初步评判一款时装的流行度，这将在第三节中详细论述。因此，作为一名服装设计师而言，首先考虑设计作品的廓型就显得尤为重要。

思考与练习

● 怎样的服装廓型才能称之为是有创意的？
● 根据结构造型外部廓型大类，在各类服装媒体中收集分别符合字母表示法、物态表示法、几何表示法、体态表示法的作品图片，每类5款，共20幅，并分析每个款式各自的特色。

| 1775 | 1785 | 1800 | 1820 | 1850 | 1900 | 1910 |

| 1914 | 1920 | 1926 | 1930 | 1942 | 1947 | 1952 |

| 1958 | 1967 | 1972 | 1974 | 1978 | 1980 | 1985 | 1997 | 2000 |

图1-24　1775~2000年曾经一度盛行的服装款式廓型图

二、造型取决于内部结构

一套服装的外部轮廓绝非如剪纸般的二维平面形态，而是由服装内部的复杂结构造就而成的三维立体。内部结构表面看似是服装各部分相互缝合而产生的线条，如省道、褶裥、分割线等，实际上是构成服装立体造型的关键。如果说服装廓型是表面形态，那么服装结构就是内部骨架，以及其外部形状的成因（图1-25）。

（一）结构构成的原理

作为一名服装设计师，只有充分理解服装的结构，即构成原理，并熟练地掌握平面裁剪和立体裁剪的原理与方法，才有可能使服装的内部结构合理化，从而实现外部廓型的设计需要。例如，要想达到如图1-26所示款式的造型创意，包括一半的耸肩袖西装式大衣和另一半的凹褶，就需要掌握耸肩袖西装的平面裁剪法（图1-27）和理解层叠凹褶的立体裁剪手法（图1-28）。

由此案例可见，对于创意类的服装设计，通晓服装结构的构成原理就显得尤为重要，因为构思独特的造型，要依靠精巧的结构才能实现，两者具有相辅相成的紧密关系。

图1-25 表面O型的特大号（Oversize）外套是由各种内部结构塑造而成的

图1-26 一半的耸肩袖西装款和另一半凹褶的大衣创意造型

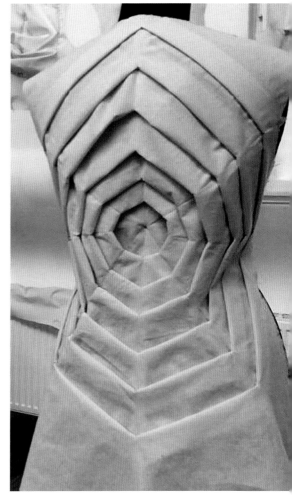

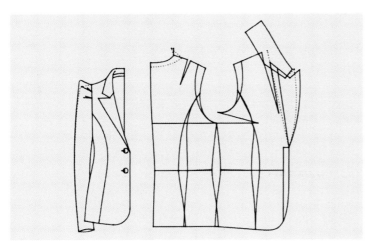

图1-27 耸肩袖西装的平面裁剪法

图1-28 层叠凹褶的立体裁剪手法

（二）平面裁剪的原理

　　服装的平面裁剪指：在平面上，按基本人体的比例计算或在基本样板（母型板）上变化直接进行结构制图，然后裁制成样板或衣片的结构造型方法。图1-29所示为一种女式西装的母型基本平面裁剪画法。

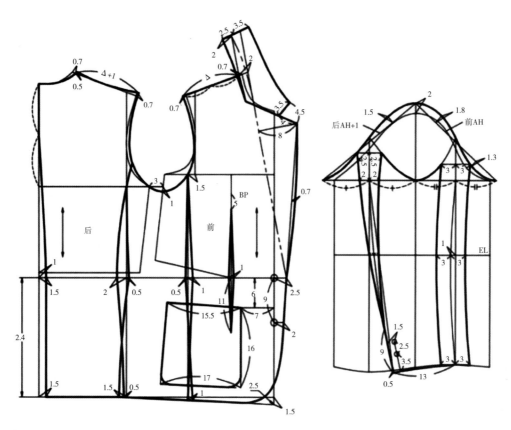

图1-29　一种女式西装的母型基本平面裁剪画法

　　在理解了平面裁剪原理之后，可以在接近的母型基本板基础上进行自由的创意变化，图1-30所示为在双排扣女式长西装基础之上，用剪切破坏创意手法实现的服装结构造型设计。

（三）立体裁剪的原理

　　虽然经过业界长期制板实践而获得的各种平面裁剪技法能够解决绝大多数的服装造型设计，尤其适用于经典造型，但是对于创意服装设计而言，仍缺乏想象的空间和偶然获得的美感。为此，服装设计师们通常采用立体裁剪的方式来实现创意性的结构造型，因为立体裁剪较之平面裁剪能够比较直观和迅速地展现设计效果，也便于随时进行调整。

　　所谓的立体裁剪，就是将布料直接覆盖在人台或者人体上，通过分割、折叠、抽缩、拉展等手法制成预先构思好的服装造型，先剪裁，再取下精修制成样板或衣片的结构造型方法（图1-31）。

图1-30 用剪切破坏创意手法实现的服装结构造型设计

图1-31 波浪褶小礼服的立体裁剪结构效果

图1-32 运用二维（2D）与三维（3D）之间的转换所获得的创意服装结构

图1-33 衬衫袖身的创意变化设计

（四）二维（2D）与三维（3D）的转换

实现服装结构的创意设计通常需要采用平面与立体裁剪相结合的方式，因为平面裁剪较之立体裁剪能够比较迅速地构建基础造型，而立体裁剪较之平面裁剪又能够比较直观地展现设计效果，因此作为优秀的服装设计师需要掌握在二维（2D）与三维（3D）之间自由转换的能力（图1-32）。

以图1-33所示的衬衫创意设计为例，这款衬衫的领子和衣身部分就是通过2D的基础平面裁剪板型获得的，而在袖山与蝴蝶结的变化部分则必须通过3D立体裁剪达成效果，最终再转换到2D的板型中。

总之，不论是二维（2D）的平面裁剪，还是三维（3D）的立体裁剪，都是服装实现外部廓型的内部结构实现手法，在创意设计过程中两种手法缺一不可，并需要不停地转换，从而实现设计师最终的创意设计意图。

 思考与练习

● 根据结构造型内部结构大类，在时尚平台收集符合结构造型内部结构的时装作品图片，分别为省道线、拼接线、造型线、装饰线等，共10幅。
● 根据廓型大类设计4款廓型服装的手绘设计稿，详细绘制其内部结构细节，包括省道线、拼接线、造型线、装饰线等，可运用款式图的绘制方法绘制。

图1-34 造型与色彩相互协调，视觉效果鲜活、时尚的系列时装设计作品

三、色彩依附于造型

人们在生活中接触到的任何环境和物体，无一例外都附着色彩与色彩的组合。任何一件物体给人的第一印象往往是色彩，而其材质和形状对视觉的冲击力则居其次，对服装来说更为显著。

色彩对造型具有依附性，没有造型作为附着体的色彩则是海市蜃楼、空中楼阁。依附于造型的色彩是实实在在的客观存在。

因而，服装造型之于色彩仍然是具有根基的作用，只有在体量、分割、比例、形状相互协调的造型之上，色彩才能够发挥最佳的视觉效果（图1-34）。

虽然本书主要探讨的是服装中结构造型要素的创意设计，但是为了协调结构造型与色彩之间的关系，仍然需要就依附于造型之上的色彩进行色相、纯度、明度、色调、比例等方面的安排，并通过"色彩氛围板"的方式加以预览（图1-35）。

 思考与练习

- 为你所构思的结构造型外部廓型和内部结构所完成的设计方案，收集符合自我设计方案的色彩信息图片，图片数量20余幅。
- 为你的设计方案完成作品色彩氛围板3幅，幅面为A3尺寸。

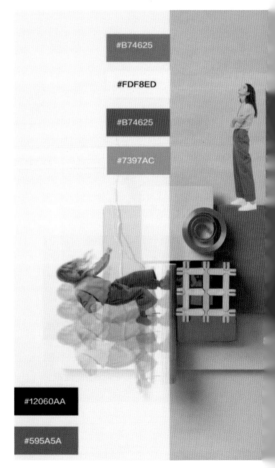

图1-35 经过色彩组合设计的色彩氛围板

四、造型具有特定的质感

任何物体都是由一定的材料制作的，因材质的不同而产生特定的质感，从而使人产生不同的心理感受。

例如，构造建筑物的钢筋混凝土给人以冷漠的感觉（图1-36）；制作工艺品的琉璃、玻璃、水晶等给人以晶莹剔透的感觉（图1-37）；而制作服装的丝质面料则给人以柔和、飘逸的感觉（图1-38）。不同造型的物体要求采用不同质感的材料与之相呼应，才能创造出最佳的视觉效果。

在进行结构造型创意服装设计的时候，材料的质感和肌理既可以在视觉上强化造型的立体感，也可以在物理上起到支撑服装结构的作用，如同服装发展历史中用以撑垫的鱼骨和网纱等材料。

服装中的质感一般是由棉、麻、丝、毛等主要天然纤维和各种人造及合成纤维所特有的差异造成的，并因为不同的织造方式而产生千变万化的肌理和软硬效果，对于创意设计而言，通过不同质感的材料组合也能够达到意想不到的视觉效果（图1-39）。质感的存在也同样离不开造型的基础。

与色彩和结构的关系一样，本书主要探讨的是服装中结构造型要素的创意设计，但是为了协调结构造型与服装面料材质之间的关系，仍然需要就具有特定质感的材料进行肌理、纹路、粗细、厚薄、立体感、透明度等方面的协调，并通过"材料氛围板"的方式加以预览（图1-40）。

图1-36　当代简约风格建筑物的钢筋混凝土给人以冷峻、漠然的感觉

图1-37　上海玻璃艺术博物馆的玻璃外墙面给人以晶莹剔透的感觉

图1-38　制作礼服的丝质面料给人以柔和、飘逸的感觉

图1-39　不同材料质感的皮革系列设计作品

图1-40 不同材质面料组合设计的材料氛围板

 思考与练习

● 为你构思的结构造型外部廓型和内部结构所完成的设计方案，收集符合自己设计方案的材料信息图片，图片数量20余幅。
● 为你的设计方案完成作品材料氛围板，幅面为A3尺寸。

第三节 服装结构造型设计发展的三个历史阶段

从服装结构造型的发展历程来看，可将人类对服装的设计发展分为三个阶段，这一历史分期的依据在于可以将"披绕的"结构造型服装与"合体的"结构造型服装加以对照，正如詹姆斯·拉韦尔（James Laver）等在《服装和时尚简史》中所提出的可能性，从而在宏观的角度帮助我们对其进行把握，本节将对此做精练的概述。

一、第一阶段：平面阶段（服装起源期—文艺复兴时期）

能够被称为服装最简单地使用布料的方式，就是将一小块长方形的布料在平面的面料基础上，通过缠绕、包裹人体，形成不规则的外形形态。一开始，围在腰间，成为裙子的原始形式，后来的人们将另一种方形的布料披在肩上，并用别针扣住。这种样式的服装结构为古埃及人、亚述人、古希腊人（图1-41）和古罗马人（图1-42）所使用。有趣的是，绕体的衣装曾经是文明的标志，而裁制的衣服却曾被视为"野蛮的"，古罗马人甚至一度颁布法令："穿着裁制的服装要受死刑的惩处"。所以，这个时期的服装有一定的随意性，基本都是无立体结构意识的，一般均无任何构成立体造型的裁剪。

与西亚两河流域和地中海一带西方文明发源地同时期的东南亚古老文明，同样也是以"披绕的"形制开始其服装的起源，如印度女性穿着的莎丽（Sarli）就是用一块长方形的布缠绕身体而形成的（图1-43），最长的莎丽甚至可以达到10余米。其他民族的传统服装，即使经过固定造型的精心裁制，分为襟、衣、袖、裳、缘等部分，如日本的和服（图1-44）、中国的袍服（图1-45）等，但从结构造型上看，仍然是平面化的，没有发展形成三维立体的形态。

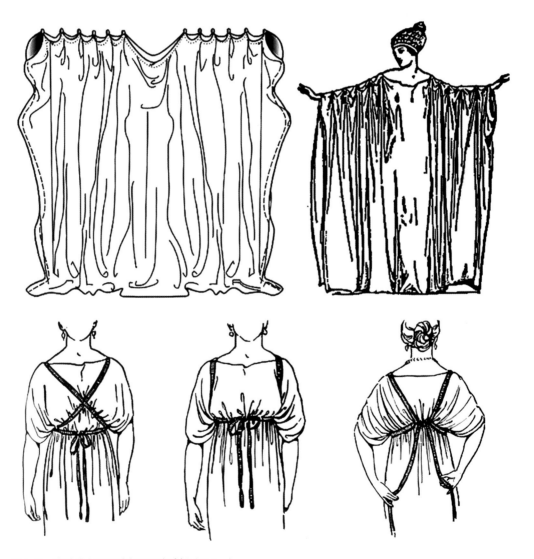

图1-41　古希腊女子的爱奥尼亚式希顿（Chiton）

图1-42　古罗马男子所穿的各种形制的托加（Toga）

图1-43　沿用至今的印度传统女性服饰莎丽

图1-44　日本的传统和服

图1-45　中国的直裾交领广袖袍服

　　因此，从宏观的角度看，人类自有服饰文明以来的很长时期都保持着平面式的服装结构，漫长的平面结构造型阶段相较于服装色彩和材料的发展，显得相对缓慢而且滞后。直至欧洲的文艺复兴唤醒了人们对于人性和人体的重新关注，从"为神服务的生活"转变成"为人的生活而设计"。当然彼时主要还是为社会上层的贵族阶层和资产阶级服务，加之生产力的发展促进了服装制造技术的提高，从而首先在西方开始了对服装立体结构的不懈探索。

二、第二阶段：立体阶段（文艺复兴时期—20世纪初）

　　在经历了漫长的中世纪宗教思想禁锢和服装造型的缓慢发展后，从13世纪末直至16世纪的西方，文艺复兴逐渐席卷欧洲大地，同时也带来了服装结构造型的大变革。随着服装结构工艺，如省道、褶裥、开衩、抽带、纽扣等相继产生，人们审美的注意力已经集中到如何使平面面料产生基于人体的更有裁剪特征的造型改造，于是立体结构造型时代随之到来。

　　从15世纪下半叶开始，欧洲的男子服装发展出了短而紧身的款式，短到需要加褶裥才能遮盖身体，并且出现了一种高立领，从而衍生出一种用抽带穿过衬衫上边缘而创造出来的"拉夫领"（Ruff，本意是起皱褶的领子），还通过带有垫肩的结构使形体更为宽大，从而彰显男性的威武，有些宽大的袖子还是可拆卸的样式（图1-46）。

图1-46　15世纪末期的男子服装已经主要是立体结构的样式

到了16世纪，男装已经主要是紧身上衣（Doublet），有时长至膝盖，前片开衩，露出立体造型的下身盖片。袖子造型也变得越来越宽大，通过拼接和裂缝的结构得以实现，甚至有些时候还是双层的袖子，其中的一对松松地垂于腋下。宽肩和凸起的下身盖片的造型体现了文艺复兴时期阳刚风格男装的顶峰。然而男士的下装通常非常紧窄，造型是将马裤和长筒袜缝合，马裤顶部又采用穿孔的方式连接短上衣（图1-47）。

作为16世纪下半叶男性服装的典型标志，硬挺的造型在女性服装结构中也得到了大量的使用。例如，位于女性上身前部的三角胸衣就会用硬麻布或纸板来加硬，并用不易弯曲的木质材料来固定，裙子也用裙撑（Farthingale）来塑造出膨胀感，其最初的形式是用金属丝、木条或鲸骨撑大构成，向底部不断扩大的衬裙，在结构上类似于19世纪的裙衬（图1-48）。这些手法都为服装立体造型的构建带来了无限的可能，从而将人类的服装结构造型真正带入了立体的阶段。直至今日，服装设计师们还会使用这些手法来进行造型的创意实现。

如果说16世纪上半叶的文艺复兴还是以德意志风格为典型代表的话，那么到了16世纪下半叶因西班牙的强盛而转入了西班牙风格的主流，并一直延续到17世纪上半叶。例如，图1-49中的女装实物所显现的，日益巨大的拉夫领（有时还是双层或三层的管状褶裥）、用钢丝固定的紧身胸衣，以及臀部撑起的裙撑成为文艺复兴末期的主流女装造型样式。而到了17世纪的后半叶，女性的紧身胸衣为低领的造型，上衣的下摆被设计成尖角的形状，并用非常明显的缎带来束紧身体，裙摆打褶垂落到了地面。随着1660年查理二世的王政复辟，到法国宫廷的"巴洛克"（Baroque，意为"不合常规的"）造型风格开始盛行于包括英国的整个欧洲，这是又一次以追求男性的夸张美感为标志的造型风格。而与文艺复兴时期不同的是，这一次的服装造型显得非常的怪诞，尤其是当时的男子裙裤尤为宽大，甚至能够把两条腿放进一条裤管里。

图1-47 《亨利八世》肖像画中的典型男装造型

图1-48 （小）马库斯《伊丽莎白一世女王》

图1-49 17世纪的女装实物，前胸的硬衬特别明显

时间来到18世纪，凡尔赛宫廷的巨大威望使法国成为整个欧洲的中心，服装造型样式也进入了洛可可时期（Rococo），从以男性美为中心的服装时尚转而演化为以女性的娇媚造型为代表的造型样式。这个时候的裙箍造型不再追求高度的变化，而是集中在宽度方面，借助鲸骨或者柳树枝条得以向两侧膨胀，宽度有时能够达到4.5米左右，于是裙子底下有了类似"篮筐"（法语Panier）的称谓（图1-50）。到了18世纪末，西方服装的基本样式被确立下来，女装为"帝国袍"（Empire gown）的造型，男装则是"约翰牛"（John Bull）的装束，整个欧洲基本呈现了一种廓型。

19世纪是工业革命高速发展的时代，尤其是以1851年的英国伦敦水晶宫博览会为里程碑，标志着近代服装结构的定型。在此之前，女性的腰腹部仍然是重点的收束部位，尽管裙子的体量已经大幅度地缩小和变短，但仍然用多层穿着的"衬裙"和马毛做成的小裙撑来呈现"茶壶盖"的造型，而且袖子也变得巨大无比，被形象地称为"羊腿袖"（图1-51）。男装的结构依旧延续着帝国时期的样式，并发展出全套的晨礼服、双排扣长礼服、燕尾服和大衣，搭配长裤和领花等。

然而，19世纪后半叶因工业革命的蓬勃发展而使服装的结构变得越来越精致，尤其是新的用有弹性的钢箍制造的"硬衬布衬裙"（也称为"克里诺林裙"）是新技术的代表，成为让女性不再需要穿着多层的衬裙而解放了躯体的结构装置（图1-52）。这一时期也是现代意义上的时装和时装设计师出现的年代，这都归因于查尔斯·弗雷德里克·沃斯（Charles Frederick Worth）的横空出世，因此他被誉为"时装之父"。

19世纪的尾声迎来了欧洲最后辉煌的统一造型样式，并以盛行于20世纪最初十年的"爱德华时期"（Edward era）风格为代表。其造型特征为从侧面看上去是一个完美的S形，这是因为女装胸部被一整块硬挺的束腰（Corset）提起，同时还加强了腹部的收缩，而臀部又被

图1-50　18世纪的女装实物，横向发展的撑裙特别宽大

图1-51　19世纪上半叶的女装"羊腿袖"造型

图1-52　19世纪后半叶盛行的克里诺林裙实物

"臀撑"所强化，袖身则被极大地收紧而且特别修长（图1-53）。最为重要的是，量身定制成为服装生产的主流形态，于是真正意义上的合体型服装造型应运而生。更进一步的发展在于，由服装设计师所引领的服装造型开始成为主要的动因。例如，一次俄国芭蕾舞团的《天方夜谭》剧目到巴黎演出，因而由保罗·波烈（Paul Poiret）掀起了一股东方风格服装造型的风潮，同时还开启了一个新的服装结构造型阶段。

若以文艺复兴到20世纪初叶的整个立体阶段来看，服装的造型结构是由自由宽松逐渐趋于硬挺合体，由繁缛庞杂的平面装饰性逐渐趋于结构多变的立体造型性。与此同时，随着一大批天赋异禀的服装设计师们通过结构造型，不断重新界定着它的流行规则。于是，服装的基本结构造型开始发生超脱于传统时代的根本性变化，即由个体和大众（设计师和消费者）来主导，而非由社会上流阶层（贵族和资产阶级）所决定，一个创新的时代业已来临。

图1-53　19世纪末—20世纪初的爱德华女装老照片

三、第三阶段：创新阶段（20世纪初至今）

如果说立体阶段的服装造型所追求的一贯是上流社会阶层的优雅气质的话，那么第一次世界大战（1914—1918年）颠覆了这一根本的观念。例如，在20世纪20年代，女孩开始追求使自己看起来像个男孩的服装风格，所有令女性展现身体曲线的造型被完全地抛弃了（图1-54），标志着一个新的历史阶段悄然来临。

与此同时，这个阶段继沃斯和波烈后大量涌现的服装设计师们成为改变服装结构造型的创意源泉，可可·香奈儿（Coco Chanel）和艾尔莎·夏帕瑞丽（Elsa Schiaparelli）等就是其中的代表人物。再者，人们的生活方式也成为时尚风格改变背后的动因，如20世纪30年代刮起的一阵"日光浴"风潮使服装中袒胸露背的造型成为主流，而网球、骑车等体育运动也进一步促进了裙子和裤子的长度变短。最后，化学纤维的诞生通过材料成本的降低和同款替代，令社会各阶层在服装造型上的差异日趋缩小，并最终构成了服装的大众消费阶层，也开始从下层社会发出对服装造型的声音。

第二次世界大战（1939—1945年）带来了物资匮乏和服装材料精简化的变化，服装结构在成衣（Ready-to-wear）的领域也获得了空前发展，这是源于大规模制服生产的标准化概念。美国的军工生产委

图1-54　20世纪20年代的女装老照片

　　员会还发起过一次全国范围的女性形体测量调查，并以此为基础，为满足大量需要的标准尺寸提供参考数据。此后，到了20世纪60年代中期，合体型的成衣便发展成为服装领域的主流产品。

　　"二战"后又涌现了一大批以迪奥（Dior）、巴尔曼（Balmain）和巴伦夏加（Balencia-ga）等为代表的杰出服装设计师，并以迪奥的"新风貌"统领着女性服装结构造型的复兴，预示着对结构造型繁荣未来的希望。例如，本章第二节中所述的各种字母造型开始兴起，又有巴伦夏加在1957年推出的"无腰宽松服"（Chemise）或者称为"布袋装"，成为20世纪60年代的主导廓型（图1-55）。

　　也就是说，在这个阶段的服装设计师已经开始展现不那么体现结构的服装，转而追求更

图1-55　巴伦夏加在1957年推出的"布袋装"

为舒适的服装廓型，似乎又回到了人类在平面阶段的结构观念，这无疑是对立体阶段的彻底颠覆，但与前述不同的是，在创新阶段的服装结构是平面与立体相互结合的。

此阶段的另一个特征是中性化的趋势，这一走向已经在20世纪20年代初露端倪，而到了20世纪60年代，男性和女性的牛仔裤、长裤、夹克、毛衣和衬衫等款式在造型结构上已无性别的差异，从而彻底摆脱了上个阶段男女装迥然不同的传统。在此进程中，伊夫·圣·洛朗（Yves Saint Laurent）更是专门为女性设计了中性化的"吸烟装"（Trouser Suit）（图1-56）、灯笼裤套装、女装裙裤、女衬衫套装等。

而在创新阶段起到最重要影响作用的是20世纪70年代早期第一波进驻巴黎的日本设计师，以高田贤三（Kenzo）和三宅一生（Issey Miyake）为领衔。他们呈现出一种将重点放在层次感和包裹造型上，并将身体置于宽松无结构的服装中的造型方式，由此向西方创制的传统立体结构发起挑战（图1-57）。在本质上，他们带来了立体结构与平面结构的共生，令东方传统与西方观念相融合，将人类第三阶段的服装结构造型创新推向了新的高峰。

当然，这个阶段目前仍然处于迅猛发展和拓展疆域的状态中，如今已没有任何一个服装造型能够一统天下，那些前卫的设计师们正在不断创新，努力建立新的认知体系。例如，三宅一生后来又不断推出了APOC服装结构造型，APOC是"A Piece of Cloth"的简写，意为"一片布"，是三宅一生的一种设计哲学。他把服装看作一整块面料，即用一块面料完成一件服装，

图1-56　伊夫·圣·洛朗在1965年设计的"吸烟装"　　图1-57　三宅一生的"一生褶"及其宽松无立体结构的服装造型

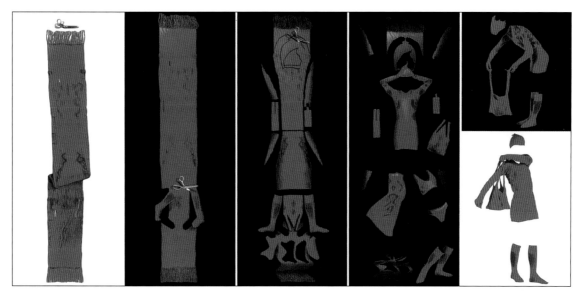

图1-58　三宅一生的APOC概念服装

同时穿着者可以调整服装的造型。该理念旨在利用天然材质的伸缩性针织物，以先进计算机精算，再用工业用编织机去织成连续的圆，而服装的形状和板型就已经织在上面，形状边缘都画了虚线，按照虚线剪，就是一件新衣裳，而且针织工艺可以保证边缘绝不脱线。这种服装上下身可能分不出来，但可以按照自己的意愿随意搭配。APOC的设计概念旨在使穿着者能参与一件衣服的制作过程，高领可能变成圆领、U领或是V领，一件衣服最后可能会裁剪成一件超级迷你裙（图1-58）。除此之外，关于无缝纫服装的研究和三维打印服装等都是向着多元化的方向突破，也给服装界带来了一定的冲击，同时也赋予那些勇于创新的设计师以盛名。

　　也许今后不会再有某一个服装风貌可以征服全世界，服装在结构造型方面的发展将日益向多元化的方向发展，每一位服装设计师都可以创制出富有独特自我风格的结构和造型，而作为服装设计师的我们仍需要孜孜不倦地探索！

 **思考与练习**

● 根据服装结构造型发展的三个阶段，在时尚平台收集符合三个阶段特征的时装作品图片，分别为平面阶段、立体阶段、创新阶段，每个阶段10款，共30幅。

● 请为你的设计方案制作完成2~3幅结构细节氛围板，幅面为A3尺寸。

本章小结

本章首先是对结构造型创意服装设计基本概念的介绍，明确了只要是在进行组织、安排和创造形象的行为，就能实现服装设计的结构造型创意结果。当然在服装艺术设计的领域，是由原本平面的面料及辅料，通过裁剪和缝制，构造成一个可为人体穿着的、具有空间造型的、对传统服装设计观念和样式有所打破、革新与再造的作品。

其次，我们需要重点把握服装整体造型的主要特征。一是造型具有一定的外部形状，可以用字母、物态、几何、体态等表示法来描述，并且通过廓型还能够辨别服装的时代及其流行度。二是造型取决于内部结构，即服装的外部轮廓是由服装内部的复杂结构造就而成的三维立体形态，需要掌握平面裁剪和立体裁剪手法，并做到在两者之间的自由转换。三是色彩对造型具有依附性，没有造型作为附着体的色彩则是海市蜃楼、空中楼阁，依附于造型的色彩是实实在在的、看得见且感觉得到的客观存在。四是造型具有特定的质感，在进行结构造型创意服装设计的时候，材料的质感和肌理既可以在视觉上强化造型的立体感，也可以在物理上起到支撑服装结构的作用。

最后，通过对服装结构造型设计发展的三个历史阶段的界定，帮助我们从纵向的历史维度梳理脉络，感悟人类服装结构造型的螺旋式上升发展趋向。也就是说，人类自有服饰文明以来很长时期都保持着平面式的服装结构，直至欧洲的文艺复兴唤醒了人们对人性和人体的重新关注，从"为神服务的生活"转变成"为人的生活而设计"。当然彼时主要还是为社会上层的贵族阶层和资产阶级服务，加之生产力的发展促进了服装制造技术的提高，从而首先在西方开始了对服装立体结构的不懈探索。从文艺复兴到第一次世界大战的整个阶段，服装的造型结构是由自由宽松逐渐趋向于硬挺合体，由繁缛庞杂的平面装饰性逐渐趋于结构多变的立体造型性。而且，随着一大批天赋异禀的服装设计师们通过结构造型，不断重新界定着流行规则，服装的基本结构造型开始发生超脱于传统时代的根本性变化，即由个体和大众（设计师和消费者）所引导，而非由社会上流阶层（贵族和资产阶级）所决定，一个创新的时代自20世纪10年代开启。目前这个创新阶段仍然处于迅猛发展和拓展疆域的状态中，如今已没有任何一个服装造型能够一统天下，那些前卫的设计师们正在不断创新，努力建立新的设计体系，作为服装设计师的我们也需要孜孜不倦地努力探索！

第二章
创意思维与方法

第一节　创意思维与结构造型服装设计

一、创意思维的概念

结构造型创意服装设计的关键是能够运用创意思维来产生创新的理念及其作品。所谓的创意思维是指打破常规、开拓创新的思维形式，是具有开创意义的思维活动，其本质特征就是开拓与创新，即开拓人类认识新领域、开创人类认识新成果的思维活动。

无论是设计师还是艺术家，或其他创意工作者，在创作过程中，思维都需要做多方面的运动，需要从不同的角度展开想象、提出问题，并能够将各方面的知识、信息、材料加以综合运用。创意思维便是以感知、记忆、思考、联想、理解等能力为基础，以综合性、探索性、求新性为特征的高级心理活动，需要创意工作者们付出艰苦努力的脑力劳动（图2-1）。

图2-1　以日本服饰文化为背景开展多方面思维获得的结构造型创意作品

一项创意思维成果往往要经过长期探索、刻苦钻研，甚至多次挫折方能取得，这决定了优秀的结构造型创意服装设计绝非一蹴而就，而是曲折迂回的。而创意思维能力也要经过长期的知识积累与素质磨砺才能具备，至于创意思维的过程，则离不开繁多的推理、想象、联想、直觉等思维活动。

二、创意思维的内核

创意思维的本质是发散性思维，这种思维方式的优点在于，当遇到问题时，能从多角度、多侧面、多层次、多结构，去思考、去寻找答案，既不受现有知识的限制，也不受传统方法的束缚。因此，结构造型创意服装设计的思维路线是开放性、扩散性的，解决问题的方法更不是单一的，而是在多种方案、多种途径中去探索和选择。

创意思维具有新颖性的优势。它贵在创新，或者在思路的选择上，或者在思考的技巧上，或者在思维的结论上，具有前无古人的独到之处，在前人、常人的基础上有新的见解、新的发现、新的突破，从而具有一定范围内的首创性、开拓性。这一点也是结构造型创意服装设计的根本要求（图2-2）。

图2-2 三宅一生的服装结构造型具有首创性和开拓性

此外，创意思维还具有艺术性和非拟化（他人不可以完全复制和模拟）的本质属性。也就是说，它的对象既类似于康德所提出来的"自在之物"的概念。"自在之物"又译为"物自体""物自身"，指在人的意识之外存在只能信仰不能被认识的本体。康德把统一的世界分为"此岸"的"现象"世界和"彼岸"的"物自体"世界。认为人的认识能力，只能认识"自在之物"的"现象"，即感觉表象，而不能认识"自在之物"本身。"自在之物"只能为信仰所发现，不能被知性所达到。从而在"自在之物"和"现象"之间划了一条不可逾越的鸿沟。康德承认在意识之外有独立存在的"自在之物"，这是他哲学中的唯物主义成分，同时也是艺术设计所具有的不可言传特征的一种阐释。但宣布"自在之物"不可认识，把"自在之物"变成一种纯粹的"空洞的抽象"，从而陷入了唯心主义和不可知论。

与此相对，又可以是马克思主义哲学所说的，已被人认识或改造为人所用的"为我之物"。这是针对"自在之物"提出的一个相应概念。辩证唯物主义认为，人类的认识能力是无限的，世界上的一切事物都是可以被认识的。只存在尚未认识的事物，不存在不能被认识的事物。例如，恩格斯指出：对不可知论"以及其他一切哲学上的怪论的最令人信服的驳斥是实践，即实验和工业。既然我们自己能够制造出某一自然过程，使它按照它的条件产生出来，并使它为我们的目的服务，从而证明我们对这一过程的理解是正确的，那么康德的不可捉摸的'自在之物'就完结了。动植物体内所产生的化学物质，在有机化学把它们制造出来以前，一直是这种'自在之物'；当有机化学开始把它们制造出来时，'自在之物'就变成为我之物了。"因此，结构造型创意服装设计依然是可以通过对创意思维的理解和把握，使"看不见，摸不着"的"自在之物"转变成"为我之物"的作品。

三、创意思维的价值

通过对前面关于创意思维的概念及内核的了解，我们可以理解创意思维对于结构造型创意服装设计而言具有十分重要的作用和意义，并将之归结为四点。

首先，创意思维可以不断增加人类服装史中结构造型的风貌、类型和款式的总量，不断丰富服装的多元结构和造型外观。留存于第一章介绍的服装结构造型三大历史阶段中纷繁复杂的印记，皆是过往服装领域创意思维的成果结晶。

其次，创意思维可以不断提高人类对服装穿着可能方式的认知能力，不断突破人们对于服装结构造型的接受疆域，让无法想象的形态成为日常，让不可能成为可能。时至今日，我们对于服装结构造型的创意已经具备了极大的宽容度。

再次，创意思维可以为结构创意服装设计的实践活动开辟新的局面，如三宅一生的服装几何化折叠结构就再一次引发了一场穿用领域的革命，二维平面的面料，经过数学计算后的折叠与定型，可以瞬间拉升成为一件立体的可穿用服装（图2-3）。

图2-3　三宅一生的数字化折叠结构将平面与立体完美融合为一体

最后，创意思维的成功反过来又能激励创意工作者去进一步进行创意思维拓展。自19世纪末以来，一代代的服装设计师们不正是在前人取得的巨大成功中，获得开拓的勇气和动力的吗？正如我国著名数学家华罗庚所说："'人'之可贵在于能创造性地思维。"人类社会也是在不断的创意思维中涌动向前，生生不息！未来的服装结构造型会怎样将由当下服装设计师们的创意来共同实现（图2-4）。

图2-4　皮尔·卡丹（Pierre Cardin）品牌的未来概念服装

 思考与练习

◉ 根据本章所介绍的创意思维概念和本质，理解结构造型服装设计与创意思维的关系。
◉ 收集面向未来的结构造型服装设计案例20款，并对近年来国际时尚流行舞台上的创意思维加以分析和归纳。

第二节　创意思维的特征

一、求实性

创意思维源于社会发展的内生需求，社会发展的需求是创新创意的第一动力。创意思维的求实性就体现在善于发现社会大众的需求，发现人们在理想与现实之间的差距，从满足社会的需求出发，拓展思维的空间。而社会的需求是多方面的，有显性的和隐性的。显性的需求已被世人关注，若再去追随，易步人后尘而难以创新；而隐性的需求则需要创造性地去发现。

在众多服装品牌中常常出现"跟风"现象，很多企业一旦发现什么款式销量大，便会紧随其后组织生产进行销售。这样往往会因为市场中同款商品供大于求，不但不能盈利，反而还会造成亏损。具有创意思维的企业会将预测学的原理应用于经营之中，通过对信息的收集筛选与分析判断，得出符合事物发展规律的结论，进而制定相应的策略。例如，随着中国国力的与日俱增，弘扬中华民族的传统文化成为社会民众的内生需求，一些"国潮"品牌乘势而上，一举获得了巨大的成功，其中尤以李宁、波司登、太平鸟等本土品牌成为引领者。

图2-5　2018年的纽约和巴黎时装周上展演的"李宁"品牌发布会

而在这一轮"国潮"流行中表现最为突出的是创立于1990年的运动服装品牌李宁。由于原有消费群体的老化，李宁公司经历了较长一段时间的低迷，但它及时敏锐地感知到并且抓住了"国潮"的趋势，不断深入研究和挖掘中国传统文化的思想精髓。在2018年的纽约和巴黎时装周上，"李宁"以中国的文化符号为基础，以经典的红黄色，印玺式的"中国李宁"书法字体设计吸引了国内外大量消费者的关注（图2-5）。在设计上也突破了单一的体育运动风格，实现了中国文化、潮牌风格和现代体育运动元素的有机融合，一度处于市场低迷期的品牌重新焕发了生机，新的产品形象清新帅气、年轻时尚，充满运动活力又洋溢着中国魅力，受到年轻消费群体的喜爱。

二、批判性

作为设计师而言，我们原有的知识和技能都是有限的，其完整性和高超性是相对的，而设计世界中的事物是无限的，其发展又是无止境的。无论是认识原有的事物还是未来的事物，原有的知识都是远远不够的。因此，创意思维的批判性首先体现在敢于用科学的挑战精神，对待自己和他人的原有知识界域，包括权威的表达方式；敢于独立地发现问题、分析问题、解决问题。法国作家巴尔扎克说："打开一切科学的钥匙都毫无异议的是问号""而生活的智慧大概就在于逢事都问个为什么"。

习惯思维是人们思维方式的一种惯性，致使人们不敢想、不敢改、不愿改，墨守成规，大大阻碍了新事物的产生和发展。因此，思维的批判性还体现在敢于冲破习惯思维的束缚，敢于打破常规去思维，敢于另辟蹊径、独立思考，运用丰富的知识和经验，充分展开想象的翅膀，这样才能迸射出创造性的火花，发现前所未有的东西。法国作家莫泊桑说："应时时刻刻躲避那走熟了的路，去另寻一条新的路。"

图2-6　解构主义大师马丁·马吉拉的个人品牌Maison Margiela 2018秋冬高级定制女装系列

例如，在解构主义的思维中，打破现有的单元化的秩序就是理所应当的。当然这秩序并不仅指社会秩序，除了包括既有的社会道德秩序、婚姻秩序、伦理道德规范之外，还包括个人意识上的秩序，如创作习惯、接受习惯、思维习惯和人的内心较抽象的文化底蕴积淀形成的无意识的民族性格。这种打破秩序然后再创造更为合理秩序的批判性思维方式为设计打开了无限的创意之门。其中，比利时服装设计师马丁·马吉拉（Martin Margiela）就为我们做出了很好的示范（图2-6）。

三、连贯性

一名在日常勤于思考的设计师，比较易于进入创意思维的状态，也更易激活潜意识，从而产生灵感。所有的创意工作者在平时都需要善于从小事做起，进行思维训练，不断提出新的构想，使思维具有连贯性，保持活跃的态势。

托马斯·爱迪生一生拥有1000余项专利，这个记录迄今仍无人打破。他就是给自己和助手确立了创新的定额，每10天有一项小发明，每半年有一项大发明。有一次他无意将一根绳子在手上绕来绕去，便由此想起可否用这种方法缠绕碳丝。如果没有思维的连贯性，没有良好的思维态势，他是不会有如此灵敏的反应的。可见，只有勤于思维才能善于思维，才能及时捕捉住具有突破性思维的灵感。

目前对创意在理解上存在一些误区，就是第一节中所说的"自在之物"，认为创新具有偶然性。实际上，每一次的创新看似偶然而绝非偶然，偶然是连贯性思维必然的结果。例如，目前比较成功的"密扇"品牌就是由独立设计师韩雯与冯光创立的，他们深受西方美学设计理念的影响，又深谙中国传统美学的精髓。其深受消费者喜爱的很大因素是它独特的图案设计，密扇不是盲目地、呆板地复刻传统元素，而是通过新的设计融合传统美学，创造出传统中国服饰的多种可能，创造新的东方美学。他们的成功绝非偶然，而是始终如一的连贯性思维的成就（图2-7）。

图2-7 中式传统风格设计作品

四、灵活性

创意思维需要开阔思路，需要善于从全方位思考。思维若遇难题受阻，则不能拘泥于一种模式，而要能灵活变换其中一些因素，从新角度去思考，调整思路。从一个思路到另一个思路，从一个意境到另一个意境，要善于巧妙地转变思维方向，随机应变，产生适合时宜的办法。创意思维的一个特征就是善于寻优，选择最佳方案，机动灵活，富有成效地解决问题。它无现成的思维方法、程序可循，创意者可以自由地海阔天空地发挥想象力，也可以运用辐射、多向、换元、转向、对立、反向、原点和连动等方式展开思维，具体内容我们将在第三节"创意思维的类型"中进行详细阐述。

五、跨越性

创意思维的进程带有很大的省略性，其思维步骤、思维跨度较大，具有明显的跳跃性。例如，当我们在围绕一个造型进行创意的时候，为了达到一定的效果可以省去按部就班的步骤，直接将大的形态创作出来。

创意思维的跨越性表现为跨越事物"可见度"的限制，能迅速完成"虚体"与"实体"之间的转化，加大思维前进的"转化跨度"。例如，纪梵希（Givenchy）、伊夫·圣·洛朗等许多大师级的设计师们在创意的时候只是简单地画一些手稿，确定大体造型和视觉中心后，再在制作过程中去细化和实现整体效果（图2-8）。

图2-8 纪梵希在迪奥品牌设计的手稿中就体现了创意思维的跨越性

六、综合性

任何事物都是作为系统而存在的，都是由相互联系、相互依存、相互制约的多层次、多方面的因素，按照一定结构组成的有机整体。这就要求创新者在思维时，将事物放在系统中进行思考，进行全方位、多层次、多方面的分析与综合，找出与事物相关的、相互作用、相互制约、相互影响的内在联系。综合性的思维方式既不是孤立地观察事物，也不是只利用某一方法思维，而应是多种思维方式的综合运用；不是只凭借一知半解、道听途说，而是以大量的事实、材料及相关知识为基础，运用头脑综合的优势，发挥思维统摄作用，深入分析，把握特点，找出规律。

这种"由综合而创造"的思维方式，体现了对已有智慧、知识的交叠和升华，而不是简单相加和拼凑。综合后的整体大于原来各部分之和，综合可以变不利因素为有利因素，变平凡为神奇；是从个别到一般，由局部到全面，由静态到动态的矛盾转化过程，是辩证思维运动过程，也是认识、观念得以突破从而形成更具普遍意义的新成果的过程。

阿波罗登月计划总指挥韦伯说过："当今世界，没有什么东西不是通过综合而创造的。"在阿波罗庞大计划中就没有一项是新发现的自然科学理论和技术，都是现有技术的运用。关键在于综合，综合就是创造。磁半导体的研制者菊池城博士也说："我以为搞发明有两条路：第一是全新的发明；第二是把已知其原理的事实进行综合。"当今首屈一指的创意天才埃隆·马斯克（Elon Musk），无论是其所属的Space X运载火箭，还是特斯拉（Tesla）电动车都是将已有的技术（单体火箭技术和东芝电池技术）加以捆绑综合获得的成功（图2-9）。

综上所述，创意思维的特性是多样的，在实际运用中思维状态的灵活与丰富，是多少特性都无法概括、任何语言都无法描述的。简而言之，创意思维就是脱离窠臼、开辟新路的思维方式，而这是要经过大量、反复、深入的思考之后，才能豁然开朗获得顿悟的。

图2-9　美国太空探索技术公司（Space X）CEO埃隆·马斯克更新了未来巨型运载火箭"大猎鹰"（BFR）的设计信息

对于服装设计师等创意工作者而言，要学会和掌握创意思维的方法，必须经过自觉地培养和训练，进而逐步具备良好的思维能力。只有积累丰富的知识、经验和智慧，才能"厚积薄发"。设计师必须敢为人先，勇于实践，不怕失败，善于从失败中学习、汲取营养，才能获得灵感，实现思维的飞跃，不断产生新观点、新方法，创造出新成果。如此才可以适应结构造型创意服装设计的需求，成为新时代的开拓者、创造者。

 思考与练习

◎ 根据本节介绍的创意思维特征理论，理解结构造型创意服装设计中体现出来的特性。

◎ 收集6种特性的创意思维的相应案例，对近3年内国际时尚流行舞台上的优秀作品进行展示并分析18款不同特性的结构造型创意设计作品，每种3款。

第二节　创意思维的类型

一、抽象思维

抽象思维，也称逻辑思维，是认识过程中用反映事物共同属性和本质属性的概念作为基本思维形式，在概念的基础上进行判断、推理，进而反映现实的思维方式。其特点是将直观所得到的东西通过概括形成概念、定理、原理等，再通过概括、总结、归纳、抽出其共同特征而形成新的形象。

抽象思维是一种能够表现普遍性的理念和情感的方式。例如，在抽象艺术里，爱因斯坦的相对论，弗洛伊德的心理学，甚至是飞机呼啸而过的声音，以及音乐的旋律等都可以被图形表现出来。而康定斯基则是第一个走向抽象的艺术家，他说音乐是他最终的老师，并认为黄色就是键盘里的"中央C"，所以钢琴里的"中央C"就应该用黄色来表现，代表一个非常"正"、非常"大"和响亮的声音。还有他的画中有很多圆，代表平静的灵魂，又有很多尖利的锐角，代表先进的思想，这些尖利的锐角，会冲破那些大的、代表中庸思想的方块，所以精英应该将他们的先进思想传递给普罗大众等（图2-10）。

二、形象思维

形象思维，与抽象思维相对，是用直观形象和表象解决问题的思维，其特点是具体形象性。形象思维一般是从表象着眼，通过对自然的观察、分析、记忆所保留下来的客观事物的影像，并存储于大脑中，然后通过选择、思考、整理、重新组合安排，形成新的内容。

例如，在非洲的原始木雕中，人物的形象虽然进行了大幅度的夸张、变形等艺术处理，但仍然与人物形象接近；又如古埃及的狮身人面像是将十分具象的法老头部和狮子身体加以结合创造出来的；再如我国汉族的龙凤图腾也是两种自然界不存在的"神物"，但却都由自然界存在的生物演变而来，如蛇、鸡、鱼、鸟等；这些古老而经典的创意都是形象思维的结果（图2-11）。

图2-10　瓦西里·康定斯基的艺术作品《构成之八》就是抽象思维的艺术成就

图2-11　非洲部落的木雕、古埃及的狮身人面像和我国汉族的龙凤图腾的创意都来源于形象思维

三、灵感思维

灵感思维，指凭借"直觉"而进行的快速的、顿悟性的思维过程，是对一个问题未经逐步分析，仅依据内因的感知迅速地对问题答案作出判断、猜想、设想，或者在对疑难问题百思不得其解之时，突然对问题有"灵感"和"顿悟"，甚至对未来事物的结果有"预感""预言"等，它不是一种简单逻辑或非逻辑的单向思维运动，而是逻辑性与非逻辑性相统一的理性思维整体过程。

灵感思维是在外界客观事物的刺激或者诱发下而引发的创意思维过程，也是人们对客观事物的认识和反应，同时依赖于设计者长期的生活经验、艺术修养、知识积累和善于观察思考的基础。例如，伊恩·斯图尔特（Ian Stewart）说："直觉是真正的数学家赖以生存的东西"，许多重大的发现都是基于直觉。欧几里得几何学的五个公设都是基于直觉，从而建立起欧几里得几何学这栋辉煌的"大厦"；阿基米德在浴室里找到了辨别王冠真假的方法；凯库勒发现苯分子环状结构更是一个直觉思维的成功典范。

结构造型创意服装设计中的灵感来源可以是不同的艺术领域、民族文化、社会大众生活、自然现象等，并从中提炼、取舍，找出核心元素，从而应用于创作之中。创意思维也表现在对前人优秀作品和经验的汲取与借鉴上，由此可以开拓视野，积累创作经验。不仅如此，还可以运用制作"灵感源"氛围板的方式来加以提炼（图2-12）。

图2-12　"灵感源"氛围板的表达方式案例

四、发散思维

发散思维，也可称为辐射思维，是一种多向的思维方式，就是从一个目标出发，向着各个不同的途径去思考，探求多种答案的思维，与收敛（聚合）思维相对。例如，以一个问题为中心（可以为设计主题），思维路线向四面八方扩散，形成辐射状，找出尽可能多的答案，扩大优化选择的余地。

在从事创意设计、解决创新问题时，可以多比较、多权衡，多几个思路、多几个方案，以增强解决问题的应变能力。既要从不同的方向对一个创意进行思考，更要注重从他人没有关注的角度去思考。我们在创意前要做尽可能多方向的设计调研，这是很重要的辐射思维准备。

发散思维的触角也可以伸向多个学科进行探求，当今的学科发展日益呈现出既高度综合又高度分化的趋势，各种交叉学科、边缘学科和横断性学科层出不穷，跨学科研究已成为一种趋势，在时尚艺术设计领域的跨界交叉也正呈现出爆发式的增长态势。例如，2017年春夏杰夫·昆斯从自己创作的"Gazing Ball"系列中汲取灵感，和路易·威登联名推出全新系列包袋与配饰创作，将著名绘画大师的杰作重现在多款路易·威登的标志性包款上（图2-13）。

图2-13   杰夫·昆斯以发散思维创意的路易·威登标志性包款

五、收敛思维

收敛思维，也可以称为链接式线性思维模式，指在解决问题的过程中，尽可能利用已有的知识和经验，把众多的信息和解题的可能性逐步引导到条理化的逻辑序列之中，最终得出一个合乎逻辑规范的结论。

设计学本就是一门艺术学与工程学相交叉的学科，服装设计学尤其如此，不仅需要感性的张扬，还需要逻辑的收敛思维来帮助创意者逐步实现最终的设计目的和效果。例如，在下面的案例中，设计师通过前期的专题调研，对鸟的翅膀、飞翔、流线型、翼装飞行等造型元素，通过思维的收敛加以整合与推理，最终设计出一款极富创意的袖型（图2-14）。

图2-14 一款袖型的创意过程经历了思维的收敛模式

六、分合思维

分合思维，指一种把思考对象在思想和虚拟形态中加以分解或合并，然后获得一种新的思维产物的思维方式。我们需要以对立和统一的辩证哲学观去思考，将二者有机地统一起来。世间的事物往往是对立又统一的，如分合、虚实、软硬、厚薄、粗细、宽窄等相对立的物质属性本来是对立的，但当它们被并置于同一个视域或个体中时，则将产生意外的创意效果。

例如，乌克兰设计师罗曼·弗拉索夫（Roman Vlasov）擅长在荒凉的空间里，结合自然的力量，用优雅而尖锐的细节探索新的"纯粹的建筑"，从而获得拥抱自然的感觉。他的设计理念是将自然和人造结构的刚性并置，并将其归因于纵向建筑的锐度、流动性、光滑、纯净、优雅和混凝土的"抽象性"。一系列迷人的建筑视觉效果，以一种不可想象的自然状态展现了建筑简单但有效的细节（图2-15）。

图2-15 罗曼·弗拉索夫的建筑设计充分体现了分合思维的创意力量，并产生了一种意外的超现实主义特质

七、逆向思维

逆向思维，也称为反向思维，它是一种对司空见惯的似乎已成定论的事物或观点反过来思考的思维方式。从相反的方向去思考，往往会寻找到突破的新途径。例如，吸尘器的发明者，就是从"吹"灰尘的反向角度"吸"灰尘去思考，从而运用真空负压原理制造出电动吸尘器。

或就局部而言，根据创意对象的多种构成因素的特点，用逆向思维变换其中某一要素，以打开新思路与新途径。这就好比在自然科学领域，一项科学实验常常变换不同的材料和数据反复进行。而在社会科学领域，这种方式的应用也是很普遍的，如文学创作中人物、情节、语句的属性和方向的逆向变换等。例如，在以下的艺术设计系列作品中，所有的五金工具形态都由被相应的工具加工的五金和加工后的物料组成，螺丝构成的螺丝刀、螺母构成的扳手、钉子构成的榔头、锯片物构成的锯子等，可以说这是精彩绝伦的创意作品（图2-16）。

八、联想思维

联想思维，是一种思维的联动模式，是指在人脑记忆表象系统中，由于某种诱因导致不同表象之间发生联系的一种没有固定思维方向的自由思维活动。这是一种由此及彼的思维模式。连动方向有三：一是纵向，看到一种现象就向纵深思考，探究其产生的原因；二是转向，发现一种现象，则想到它的其他面；三是横向，发现一种现象，能联想到与其相似或相关的事物。联想思维即由浅入深、由小及大、推己及人、触类旁通、举一反三，从而获得新的认识和发现，如"一叶落知天下秋""窥一斑而知全豹"就是这种思维。

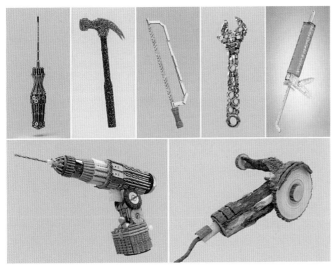

图2-16　采用逆向思维的方式获得的一系列艺术创意设计作品

图2-17　"绝对伏特加"的印度限量版广告联想自印度的代表性元素和画风

　　例如，1986年，安迪·沃霍尔（Andy Warhol）直接在一个透明的伏特加酒瓶子上作画，从将这个瑞典品牌带入艺术领域开始，"绝对伏特加"已与400多位不同领域的顶尖艺术家合作。瑞典伏特加酒瓶的经典造型和透明玻璃材质至今仍是"绝对伏特加"最经典的平面广告创意，并被不断翻拍、沿用，已经成为一个标志性的品牌广告。一直以来，"绝对伏特加"不断采取富有创意且高雅、幽默的方式来诠释品牌的核心价值：纯净、简单、完美，而这些广告视觉形象都来自广告语的联想思维（图2-17）。

　　综上所述，在结构造型创意服装设计中，以上八种思维类型是需要综合运用的，如抽象思维通常表现在对形象思维的概括方面，两者相互结合、兼而有之，而思维的综合叠加才能找到创意的突破点。如图2-18所示，图形A表示着链接式的线性思维模式，以抽象思维为主，也可通过反向表示逆向思维模式；图形B表示着辐射式的发散性思维模式，以形象思维为主，也可通过反向表示收敛思维，或者分合思维模式；图形C表示着A与B综合的复合型思维模式，即对前者各种思维模式的叠加，通常是灵感思维和联想思维的图式，图中的每一个交叉点都是灵感和联想的突破点，是创意生成的源泉。

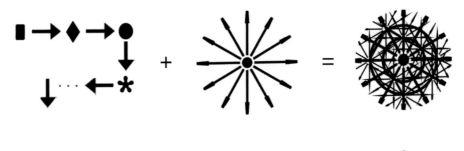

A　　　　　　　　　　　B　　　　　　　　　　　C

图2-18　各种思维的模型图式及其相互关系

在设计实践的过程中，我们首先需要运用模式A确定设计步骤、路径和目的，包括选择表现对象（即主题和结构造型）、分解对象、综合对象；其次运用模式B对主题和结构造型对象的灵感源、表现的材料和技法等进行发散式的分解，包括对象属性的分解（元素提取）、联想的分解和造型的分解等；最后运用模式C将前者的思维结果进行叠加与综合，最终产生创意的交集和作品。

 思考与练习

- 根据本节所介绍的创意思维的类型理论，理解各种不同思维产生创意的方法。
- 收集各种不同思维模式的案例，对优秀的创意设计作品进行展示，并分析24个不同思维类型的创意设计作品，每类3个案例。

第四节　结构造型创意设计的方法

通过前面对创意思维的概念、特征和类型的介绍，以及与结构造型创意服装设计的关系分析，我们可以归纳出一些具体结构造型的创意设计方法，以供大家在创意设计过程中参考。

一、调研法

调研法，源于创意思维的求实性、批判性属性，指通过收集信息和反馈来创新和改进结构造型设计的方法，其目的是通过优秀案例、流行资讯和市场反馈等来获得某些创新的想法。本书非常重视调研对于创意的作用，因此在每个章节的后面都会设置一些基于调研法的思考与练习。

调研法包括：第一，优点列记法，即将调研对象的优点通过分析加以排列和记录的方法；第二，缺点列记法，即将调研对象的缺点通过分析加以排列和记录的方法；第三，希望点列记法，即经过调研了解客体（观众和用户等）对调研对象的评价通过分析加以排列和记录的方法，以期得到创新的突破口。

例如，图2-19所示为通过调研了解到的关于袖山的耸肩造型和垫肩结构等的优点和希望点，也就是对当下非常流行的廓型和局部结构的了解，之后便产生了图2-20所示的注重肩部夸张处理的结构造型创意服装设计作品。

二、极限法

极限法，基于创意思维的跨越性特征，就是把原有事物的特征进行极度夸张，在被夸张的范围内寻找新的形式。夸张的形式有"夸大"或者"夸小"，既可以是对服装的整体形态，如大小、长短、宽窄、厚薄、粗细、轻重、松紧等的极限处理，也包括对衣领、衣袖、口袋、衣身等局部造型的变异。

在图2-21所示的案例中，设计师将服装自上而下的整体造型都进行了极限夸张，将日本和服中的元素夸张成为西方的礼服样式。而在图2-22所示中，设计师仅对袖子的局部做了夸张处理，从而形成了一个"红桃"的整体服装造型。

图2-19　在流行资讯的优秀案例中调研的袖山部耸肩造型结构

图2-20　由调研法获得的肩部整体结构造型潮流而进行的创意服装设计作品两件

图2-21　使用整体极限法对服装造型进行创意设计的案例

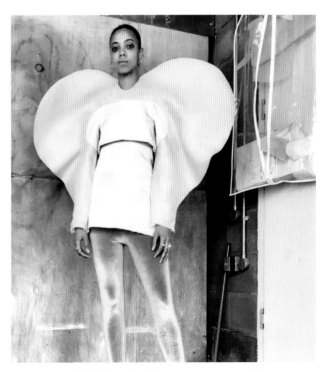

图2-22　使用局部极限法对服装造型进行创意设计的案例

三、反向法

反向法，指通过逆向思维，将原有事物放在反向或者相对的角度和位置上进行思考的方法。这种方法因为思考方向的转变，会带来突破性的结果，如上下装的反向、内外衣的反向、里子与面料的反向、男装与女装的反向、正面与背面的反向等。

例如，在图2-23所示的男装结构造型创意设计案例中，设计师将女装中常用的荷叶边结构元素应用到了领口、裤口和靴帮口，令男装呈现出了女装化或中性化的风格，这是典型的反向设计思维的表现。

四、转移法

转移法，基于批判性思维的特征，指将原有事物转移到另外的事物或者领域中来寻找解决问题的可能性，并由此引发的思维突破与创新。在创意服装设计中的主要表现是不同性质的服装相互结合与碰撞，从而产生的新的服装风格或种类。另外，也可以进行局部元素的转移设计，如将袖子的造型设计应用于领子、口袋等部位。

在图2-24所示的案例中，设计师将西装的款式及结构与运动服装的拉链、抽绳、罗纹袖口及衣摆相互结合、碰撞，从而产生了运动西装的全新服装风格或种类。在图2-25所示的案例中，设计者又将充棉夹克的袖子部分转移到服装配件围脖中，从而产生了令人意想不到的创新效果。

五、变更法

变更法，指在发散思维模式的引导下，通过改变原有事物中的某一现状，产生新的形态的设计手法，在结构造型创意服装设计中主要有以下三个发散的变更方向。

一是通过变更局部造型来实现，如变更领型、袖型、身型等，在图2-26所示的案例中，设

图2-23 基于反向法的男装创意设计作品　　图2-24 基于转移法的运动西装创意设计作品　　图2-25 基于转移法的休闲男装围巾配设计作品

图2-26　基于造型的变更法创作的羽绒服创意设计作品

图2-27　基于体量的变更法创作的女式大衣创意设计作品

图2-28　基于结构的变更法创作的女西装创意设计作品

图2-29　基于加减法创作的西服套装创意设计作品

计师将传统的领子、门襟和闭合款式变更为仿生设计的交叉手形，从而体现出创意的魅力。

二是通过变更服装的局部体量来实现，如进行衣身、领身或袖身的体量扩张或收缩处理等，如在图2-27所示的案例中，设计者将局部的领子和袖子的体量通过充棉进行了扩张处理，产生了奇特的视觉创意。

三是通过变更局部的结构实现，包括采用省道转移、破缝、褶皱等处理手法，如在图2-28所示的案例中，设计师在肩和袖山结合部、公主线下摆部进行破缝，又在胸部和下摆内采用蕾丝褶皱的设计，从而令经典女西装的设计与众不同。

六、加减法

加减法，是在创意思维的灵活性特征中形成的，指改变原有事物中的某一元素的数量，从而使人耳目一新的创意设计手法。加减法之一就是做加法，如通过反复、重叠、增量等手法来增加这一元素的数量。例如，在图2-29所示的作品中，设计师将卷曲回旋的设计要素在套装几乎所有的部位都进行了加法的重复设置，从而产生了非同凡响的创意效果。

加减法之二就是做减法，如通过去除服装的部件、做减量等手法来减少某些元素的数量，甚至是去除，从而达到极简主义的创意设计效果。例如，在图2-30所示的作品中，设计师对双排扣大衣的袖子部分做了减法，从而产生了双排扣无袖大衣的创新款式。

七、结合法

结合法，指建立在分合思维的基础上，把两种或两种以上的原有事物及其功能结合起来，产生新的复合结构和功能的设计手法，主要是对不同服装结构的结合与变异。例如，长短裤的结合、裙装与裤装的结合、领子与围巾的结合、上装与下装的结合等。运用结合法时需要注意结合处的结构自然与合理，从而达到浑然天成的视觉效果。

例如，在图2-31所示的作品中，设计师将雪纺连衣裙与双排扣风衣的一半进行结合，从而让两件原本内外穿着的独立服装转变为一体并置关系的创新服装造型。再如，在图2-32所示的作品中，设计者又将包袋与服装相结合，甚至细化到了绳带元素的融合，创制出了连体背包夹克的全新款式。两个案例在进行结合的时候都充分考虑到结构的合理性和整体的协调感，堪称创意佳作。

八、整体—局部法

整体—局部法，指基于创意思维的综合性特征发展而来的方法，同时也是联想思维的具体表现。局部法是先确定事物的局部形态，然后配以整体框架的设计；而整体法与局部法正好相反，是先确定事物的整体造型，然后确定局部构造的方法。当受到某些对象事物的刺激而产生灵感时，既可以从局部出发，先创造局部的造型设计，也可以从整体上进行创意设计。

例如，在图2-33所示的案例中，同样一个花瓶艺术品激发设计师的灵感，既可以从整体

图2-30　基于加减法创作的双排扣大衣创意设计作品　　图2-31　基于结合法创作的连衣裙风衣创意设计作品　　图2-32　基于结合法创作的连体背包夹克创意设计作品

图2-33　基于整体—局部法创作的各不相同的服装创意设计作品　　图2-34　基于局部法创作的　　图2-35　基于整体法
折叠领部服装创意设计作品　　创作的有机形态服装
创意设计作品

出发，创意出左边的烟囱领暗扣合体型大衣，里衬为黄色，也可以先设计出如右边烟囱领的脖套或领子，然后延展到整体系列的作品中。这样的案例还有如图2-34所示案例中的局部法，以及如图2-35所示案例中的整体法。

　　总而言之，本节所介绍的结构造型创意设计的八种方法是建立在创意思维的特征及其类型基础之上，衍生出来的具体针对结构造型创意服装设计方法的指引。在具体作品创作的时候，既不限于一种方法的运用，即综合运用，也可通过设计创意者的不断探索发掘出新的、适用于个体的独特创意方法。

 思考与练习

◉ 根据本节所介绍的结构造型创意设计的方法理论，理解各种不同方法的思维原理。
◉ 收集各种不同结构造型创意设计方法的案例，对优秀的创意设计作品进行展示，并分析24个
　不同类型的创意设计作品，每类3个案例。

本章小结

　　首先，本章对创意思维的概念进行了描述，包括其内核与价值，并将之与结构造型服装创意设计的关系加以阐释，明确了创意思维可以不断增加人类服装史中结构造型风貌、类型和款式的总量，不断丰富服装的多元结构和造型外观；可以不断提高人们对于服装穿着方式的认知能力，不断突破人们对于服装结构造型的接受疆域，让无法想象的形态成为日常，让不可能成为可能；可以为结构造型创意服装设计的实践活动开辟新的局面，也反过来激励服装创意设计工作者去进一步进行创意思维开拓。

　　其次，本章对创意思维的六个特征进行了介绍，重点在于对设计师提出了相应的要求：求

实性要求从满足社会的需求出发，拓展思维的空间；批判性要求敢于用科学的挑战精神，对待自己和他人的原有知识界域，包括权威的表达方式；连贯性要求在平时持续进行思维训练，不断提出新的构想，使思维具有连贯性，保持活跃的态势；灵活性要求开阔思路，善于从全方位思考；跨越性要求跨越事物可见的限制，迅速完成"虚体"与"实体"之间的转化；而综合性则要求运用头脑综合的优势，发挥思维统摄作用，深入分析、把握特点、找出规律。

再次，本章就创意思维的八种类型加以阐述，包括抽象思维、形象思维、灵感思维、发散思维、收敛思维、分合思维、逆向思维和联想思维，并强调在结构造型创意服装设计中，将以上八种思维类型综合运用，从而形成一个各种思维的模型及其相互关系的图式。

最后，基于创意思维的特征和类型，推导出了服装结构造型的八种创意设计方法：调研法源于创意思维的求实性和批判性属性，极限法基于创意思维的跨越性特征，反向法来自逆向思维的创新特质，转移法也是基于批判性思维的特性，变更法是出于发散思维模式的引导，加减法是在创意思维的灵活性特征中形成的，结合法是建立在分合思维的基础上，而整体—局部法则是基于创意思维的综合性特征发展而来的，同时也是联想思维的具体表现。本章撰写的目的正是在于借由对创意思维及其与结构造型创意手法关系的深刻理解和启迪，让服装设计师们得以充分伸展创新设计思想的翅膀，飞抵变换无穷的服装结构造型设计作品的彼岸。

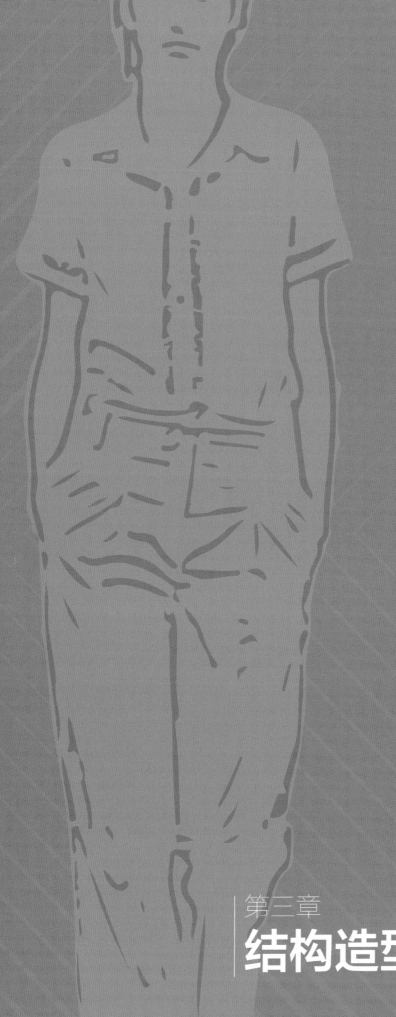

第三章
结构造型设计原理

第一节 造型的四大要素

所有的造型艺术都是由四大要素构成的，即点、线、面和体。例如，在图3-1所示中，这些看似光怪陆离的造型，分解开来看也是四大要素的组合构成。在以服装为载体的结构造型艺术设计中同样如此，四大造型要素在服装上以各种不同的形式进行排列组合，从而产生形态各异的服装造型，于是点、线、面、体仍然是结构造型设计的基本要素。

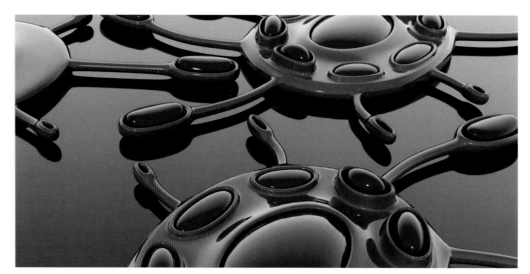

图3-1 由点、线、面和体构成的生态造型设计作品

服装结构造型设计中的四大要素与数学概念中的点、线、面、体既有联系，又截然不同。从各自相对的概念来理解，数学概念中的点、线、面、体与造型中的点、线、面、体有基本相同的概念，从概念的相对性上给人以相同的感觉。所不同的是，数学中的点、线、面、体是从理性的、抽象的角度来理解的，点只有位置没有面积，线有位置、长度及方向，面有不可以描绘的无限延伸性，体是面的移动和旋转；而造型中的点、线、面、体是从感性的三维空间的角度来理解的，均有大小、面积、宽度和厚度，而且还有形状、色彩、质地等区别。在第二节中，我们先将服装中的四大造型要素分解开来，依次探讨其类型与构成形态，以期为结构造型服装设计提供创意元素。

第二节 造型四大要素在服装上的表现形式

一、点

（一）什么是点

从几何学意义上看，点是零次元的非物质存在，仅表示位置，而没有方向性。

造型艺术中所指的点，不是几何学里那种没有面积、只有位置的点，造型艺术中的点既有宽

图3-2　平面造型艺术设计中的点　　　图3-3　服装中的点可以是纽扣、袋盖、饰品等

度，也有深度，更有着大小、形状、色彩、质地的变化，而且并非仅是一个小圆点，也可以是别的形状，或相对较小的物体。点在造型设计的整体中虽然是最小的，但在简洁的同时也是最活跃的因素。它能够吸引人的视线，使设计中的点引人注目。例如，在图3-2所示的平面造型艺术设计案例中，大小不同的圆点自然成为图像中活跃着的、引人注意的视觉焦点。而在服装中，点则可以是服装上的扣子、袋盖、饰品等，如在图3-3所示的两个服装创意设计案例中，左图的纽扣成了抽象的人脸中的眼睛部分，而右图的眼镜配件和袋盖则成为服装中由点创造出来的中心。

服装中的点从形状上可以分为两大类：一类是几何形态的点，轮廓是由直线、圆弧线这类几何线条分别构成或结合构成的，如在图3-4所示的一个系列创意服装设计案例中，服装表面缀饰的点都是圆柱体或球体的几何形态。另一类是任意形态的点，其轮廓是由任意形的弧线或曲线构成的，这种点没有一定的形状，可以相对自由地发挥创意，如图3-5所示的设计作品中胸前的类似心形，以及其他两个呼应点，没有一定的几何规律，是由有机的造型组合构成的。相同的是，这些点都是由结构造型而来的立体的点。

图3-4　几何形态的点的创意服装设计作品　　　图3-5　自由形态的点的创意服装设计作品

服装上经常会使用由软料随意制成的头饰、饰物、包袋等，当然也有以面料再造来展现的平面中立体的点，这类任意形态的点通常会给人以亲切活泼之感，人情味、自然味较浓，更适合在创意服装设计中使用（图3-6）。

服装中有的点还具有多功能性，如服装中有些口袋、襻、扣等不仅可以成为视觉中心，还能够起到结构组件的作用。这种点一方面给人以秩序感或运动感的心理感受，另一方面还是构成服装的要件。例如，在图3-7所示的创意服装案例中，金属搭扣和四合扣的点不仅起到了审美的作用，还是闭合服装、连接裤子各部分的结构组件。因而，在结构造型创意服装设计中要恰如其分地将点与服装有机结合起来，点的组合可以产生平衡感，点可以协调整体，点可以达成统一，下面再介绍一下点的各种构成方式。

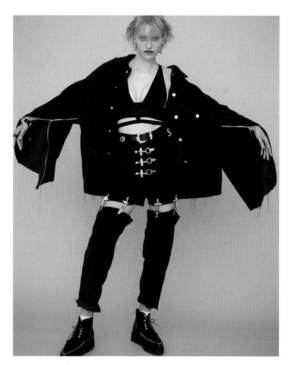

图3-6　各种不同形态的点在服装中的灵活运用　　图3-7　服装中的点还有多功能的特性

（二）点的构成类型

1. 单点构成

单点构成的点可以集中目光，具有向心性。如服装上的领结、蝴蝶结、立体花等，都可以作为一个明显的造型吸引人的目光。例如，在图3-8所示的创意服装案例中，后背腰部夸张的蝴蝶结造型就是典型的单点构成设计作品，极大程度地吸引观者注意到作品的背部设计。

值得一提的是，单点构成并非仅指实体的点，也可以是虚点，如镂空、破洞、半透明的层叠等，都能够形成单点的视觉中心。例如，在图3-9所示的创意服装案例中，设计师在卷曲的衣片平面中镂空出了一个圆形的点，并在其间做了一些锯齿的造型，从而成为整套设计作品的亮点。

2.两点构成

两点构成的视觉效果较之单点构成要丰富很多，如在图3-10所示的系列服装作品中就可以看出单点构成与两点构成的差异。单点构成更集中观者的注意力，而两点构成更活泼且多变。

不仅如此，两点的间距和位置不同，也会产生各不相同的视觉效果。例如，当两点在上下、左右、前后间距对称时，会产生平稳、安静的感觉，图3-11所示的经典服装设计作品就是左右对称的两个镂空圆，具有优雅而稳定的结构造型风格。

而如果两点齐向一个方向或相向移动，甚至交叠时则会产生动感，具有更加强烈的视觉效果。例如，在图3-12所示的结构造型创意服装作品中，设计师通过立褶卷曲构成的两个点在背部相互交叠，形成了极具动感和冲击力的视觉中心。

3.多点构成

三个及以上点的构成称为多点构成，此类点的构成能够使服装整体产生系列感、层次感、秩序感等视觉效果。例如，横向排列的点能够产生稳定感；斜向排列的点可以制造不稳定的动感；弧线排列的点可以产生圆润感；多点有序或无序分散排列时则具有整齐或者活泼的感觉。

在图3-13所示的创意作品中，设计师将多个抽褶的点有规则地设置在服装的表面，传达了一种整齐而强烈的视觉效果。对比图3-14所示的服装设计案例，无序的点的排列则可以产生自由自在的活泼感和丰富多变

图3-8 运用单点构成原理设计的蝴蝶结造型创意服装作品

图3-9 采用虚点方式设计的单点构成创意服装作品

图3-10 在同系列服装设计作品中单点构成与两点构成的比较

图3-11 采用镂空方式设计的两点对称构成创意服装作品

图3-12 采用两点交叠方式设计的两点构成创意服装作品

图3-13 采用有序方式设计的多点构成创意服装作品

的艺术效果，并传达出一种自由自在的审美倾向。

4.大小点构成

大小点构成是通过点的大小来进行构成的方式，此类点的构成具有节奏、韵律、跃动或者立体的感觉。当点的大小有序排列时，具有节奏韵律的感觉。例如，在图3-15所示的创意案例中，领口有序排列的三个由上大渐变到下小的金属圆片点，传达了设计中的韵律感，同时也构成了视觉中心。

当点不按顺序排列时，则可以产生跃动感，或者随意渐变的感觉。例如，在图3-16所示的针织创意服装中，使用大小不同的针织绒球对衣身进行点缀，令基本款的针织毛衣立刻产生了活泼、跃动的视觉效果。

此外，当大小点以一定形状排列时，则可以产生立体、视错的效果。例如，在图3-17所示的创意设计作品中，服装上的大小点有些是以镂空构成的，有些是印花图案构成的，它们共同构造了具有立体视错效果的欧普艺术风格（Op Art："Op"是"Optical"的缩写形式，意思是视觉上的光学，即视觉效应）。

总而言之，服装上各种造型、色彩、材质和功能的"点"都可以打破原本呆板和沉闷的款式，给服装以画龙点睛的创意之妙；同时也可以吸引观者的视线，对视觉审美起到诱导的作用，令设计创意鲜明可见。

 思考与练习

- 根据本节所介绍的点构成原理，搜集各种不同点构成的案例，并加以分析和理解。
- 运用不同的点构成类型原理设计一个以点为要素的结构造型部件，并将其用坯布的形式制作出来。

二、线

（一）什么是线

在几何学上，线是指一个点任意移动时留下的轨迹，点的移动轨道构成线。线有位置、长度及方向变化，没有宽度和深度。而造型设计中的线，则可以有宽度、面积和厚度，还会有不同的形状、色彩和质感，是立体的线。例如，在图3-18所示的平面造型艺术设计案例中，疏密粗细不同的线条成为图像中抽象的韵味和丰富的视觉效果之源泉。

线的本身是没有感情和性格的，但造型艺术中的线则加入了人的感情和联想，线便产生了性格和情感倾向。线也是构成形式美的不可

图3-14 采用无序方式设计的多点构成创意服装作品

图3-15 采用有序方式设计的大小点构成创意服装作品

图3-16 采用无序方式设计的大小点构成创意服装作品

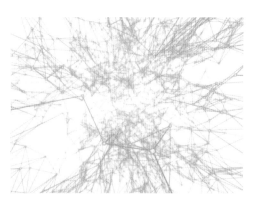

图3-18　平面造型艺术设计中的线

图3-17　采用一定形状排列方式设计的大小点构成创意服装作品　　图3-19　由线的排列组合而成的创意服装设计作品

缺少的部分之一，线的组合可以产生节奏，线的运用可以产生丰富变化和视错感，可以通过分割强调比例，可以通过排列产生平衡。线的形式千姿百态，运用在服装设计中可取得完全不同的设计效果。例如，在图3-19所示的创意服装作品中，线条的弯曲、辐射、疏密创造出如梦如幻的视觉效果。下面介绍线的各种构成方式。

（二）线的构成类型

1.造型线类型

我们知道，服装是由外部轮廓线、内部结构线和各种装饰线等结合构成的。这些线条共同在动静、疏密的变化中取得和谐统一，组成了服装各种创意的形态。其中最首要的就是能够支撑起整套服装的造型线，造型线可分为以下两个方面。

一是外部轮廓线：服装造型的外部形态就是以线的存在而被人们的视觉所认知的。外形线条决定了设计的主调，这一点我们已经在第一章第二节中讨论过。而在图3-20所示的服装设计案例中，服装外部轮廓的线条奇特而有创意，当然构成其外轮廓线条的原因离不开内部起到支撑作用的鱼骨结构。

二是内部结构线：衣片的相交处和内部的支撑都有内部结构线的存在，包括肩线、领线、腰线、袖型线等。例如，当表现少女活泼俏皮的款式风格时，在结构处理上可以将腰节线上移，以调短腰节的长度来满足款式风格的要求；反之，可将腰节线适当下调，便可呈现出成熟稳重、典雅高贵的气质。

在图3-21所示的这款创意服装设计作品中，设计师通过将内部结构造型线的图案夸张化处理，与服装原本的结构线产生重叠与对比，将未完成与完成相并置，从而产生了一种鲜明的解构主义设计风格。

2.装饰线类型

装饰线类型包括由拉链、镶边、流苏、嵌条、绳带、贴条、滚条等辅料和边饰构成的装饰线。除了实现服装工艺及各种功能外，也可以传达创意设计的目的。例如，在图3-22所示的作品中，真丝滚条不仅将造

图3-20　突出外部轮廓线构成的创意服装设计作品

型细腻丰富的网纱材质的衣身加以精致化收边外，还勾勒出线条优雅的花型和荷叶边的造型。

在图3-23所示的创意设计作品中，由黑色镶边以及上面附着的铆钉构成的装饰线条布满了整套服装，形成了独特的哥特式风格的神秘感与高耸的视觉感受，至于线条的特性还将在后文"线的设计法则"中加以具体阐释。

3.图案线类型

图案线类型包括的线条是以印、染、织、编、盘等手法的图案装饰形式出现在服装面料的表面，更接近平面构成类型，但也可以有立体感。例如，在图3-24所示的这套创意服装作品中，其心形廓型中的繁复图案是采用线状皮革在服装表面的钉、盘、编、卷等手法构成的，并且体现了一定的立体浮雕感。

而在图3-25所示的案例中，紧身针织连体衣上的心脏与血管的主题图案线条则是运用了钉深红色金属亮片的手法，将图案线造型生动地再现于服装之上，并与帽子和拎包配饰相呼应，主题性和整体感十分强烈。

4.配饰线类型

配饰线类型的线条是通过项链、手链、挂件、腰带、围巾、鞋帽、包袋等配饰品构成的线条类型，在服装中一般仅起到辅助造型和搭配的作用。图3-26中所示的项链、手链和丝巾等都是这种线条的表示，通常用于日常生活服饰配搭中。

除了日常配饰外，在创意服装设计中，还可以将配饰线条更大胆地运用到服装的造型中，

图3-21　突出内部结构线构成的创意服装设计作品

图3-22　由滚边线构成的装饰线类型创意服装设计作品

图3-23　由镶边线和铆钉构成的装饰线类型创意服装设计作品

图3-24　由皮革线条构成的立体图案线类型创意服装设计作品

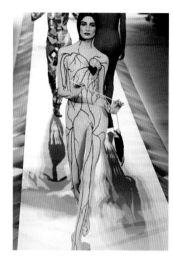
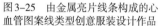

图3-25 由金属亮片线条构成的心血管图案线类型创意服装设计作品

图3-26 由项链、手链和丝巾线条构成的配饰线类型生活服饰案例

此时的配饰就不仅仅是作为服装的配搭物品了，而是作为整体造型的主体起到构造服装的作用。例如，在图3-27所示的创意服装作品中，设计师将潜水装的配件，如脚蹼配饰线大胆地抽象提炼并延伸到整体服装造型中，对创意主题的传达产生了特别强烈的视觉效果。

一般而言，配饰线类型的材质都比较硬挺，所以在与人体的曲线表面和服装的柔性材料相结合的时候，需要注意组装的合理性和有机性，避免过于生硬地整合。此外，线条还是有各种不同性格的，接下来再探讨一下基于线条属性的三点设计法则。

（三）线的设计法则

相较而言，线比点更能表现出强烈的情感和性格。一般说来，不同长短、粗细、曲直的线的形态具有各自不同的情感和性格。根据线型来分，线有直线、折线和曲线三种基本类型。

1. 直线型

直线型是线的三种基本类型中最简洁、最单纯的线，具有硬直、坚强、单

图3-27 由脚蹼造型线条构成的配饰线类型创意服装设计作品

图3-28　由水平线型线条构成的创意女装设计作品

纯、刚毅、规整等视觉属性。根据方向，直线型又可分为三种样式。

（1）水平线：具有舒展、稳定、庄重、安静的特点，让观者心里感到畅快的同时也有平稳的感觉（图3-28）。由于水平线有一种视觉延展和宽阔的感觉，常用来强调男性健壮、威武的刚毅美，而在女装中的应用则可体现坚定、端庄、平和等美感。

（2）垂直线：可以给人以苗条、上升、严肃、硬冷、清晰、单纯、理性等视觉感受。如图3-29中所示的服装，由于垂直线条的构成而令整套作品具有了上述所有的视觉效果。

（3）斜线：具有不安定感、强烈的运动感，以及活跃的视觉效果。例如，在图3-30所示的创意设计案例中，衣身中间用立体褶的方式制造出数根斜线，与中心的树叶状配饰形成呼应，并产生了上升的活跃感和动感。

图3-29　由垂直线型线条构成的创
意女装设计作品　　图3-30　由斜线型线条构成的创意女装设计作品　　图3-31　由折线型线条构成的创意女装设计作品

2. 折线型

折线型具有冲动感，因其尖硬、锐利、不稳定的特征，而更具丰富的张力和形式内涵。例如，在图3-31所示的创意设计案例中，黑色连衣裙的前片上下分别缀上两个多层相叠的方形块面，并用白色的锁边构成了丰富的折线，由此产生了尖硬、锐利、不稳定的感觉。

3. 曲线型

曲线型具有圆顺、飘逸、柔美、优雅的视觉效果，尤其适合用于女装设计，根据其特征，又可分为以下两种类型。

（1）几何曲线：所谓的几何曲线，是指具有一定数理构成和排列规律的曲线形式，因而包含理智、流动、速度等不同特征，或者给人以规范、成熟、保守、严谨的束缚感。通常可用于服装的花边、裙摆、图案、饰品当中。图3-32所示的创意服装作品就是在几何数理运算的基础上创造出来的形态。

（2）自由曲线：具有奔放、活泼、轻盈、优美、温和、柔软的特征，给人以轻松、神秘、放肆和无拘无束的视觉感受。例如，图3-33所示的服装创意作品是通过在针织面料下撑垫塑料鱼骨的材料，由此产生了自由随性的设计效果。

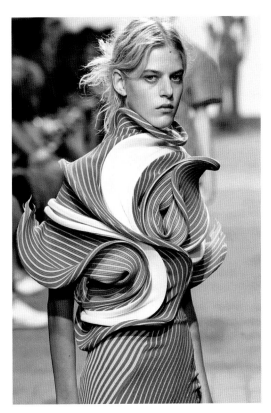

图3-32 由几何曲线构成的创意女装设计作品　　　　　　　图3-33 由自由曲线构成的创意女装设计作品

 思考与练习

◉ 根据本节所介绍的线构成原理，搜集各种不同线构成的案例，并加以分析和理解。

◉ 运用不同的线构成类型原理设计一个以线为要素的结构造型部件，并将其用坯布的形式制作出来。

三、面

（一）什么是面

　　面是线的运动轨迹，是有一定广度的二次元空间。在几何学里，面可以无限延伸，却不可以描绘和制作出来。而造型设计中的面则可以有厚度、色彩和质感，是比"点"感觉大、比"线"感觉宽的形状。

　　在造型设计中，面是可以制作出来的。面也是相对而言的，在视野上要通过线围起来，被围的部分叫作领域，领域边缘存在着轮廓线。如果用线围起来的部分被别的轮廓线包围或分割的时候，就产生了另一个领域，这两个领域之间就产生了不同的内容而形成不同的面。例如，在图3-34所示的平面造型艺术设计案例中，其所有的面都是由边缘线界定出来的三角形的领域，而且不同纯度和明度的面的组合还能产生立体的视觉效果。

　　再回到服装设计上来，服装本就是由前衣片、后衣片、袖大片等主要部分组成的，而每一

图3-34　平面造型艺术设计中的面　　　图3-35　主体由圆形的面构成的创意女　　图3-36　一件创意男装设计作品中
　　　　　　　　　　　　　　　　　　　　　　　装设计作品　　　　　　　　　　　　呈现的丰富的面的构成

个大片又可以根据设计的需要分割成若干的小片，所以说服装的本体就是由面来组成的。例
如，图3-35所示的这件创意服装作品基本就是由一个圆形的白色面构成的，而黑色的袖身和
肩部分割出来的面则成为整套服装的对比块面。

（二）面在服装中的作用

面在服装中的作用，可以说服装设计中的面就是塑造形体的主要元素，较之点和线更具有
面积感，也更富有感染力。服装中面的变化无穷无尽，不仅可以用以分割空间、创造造型，还
可以使服装产生适应人体各种部位形状的衣片。通过对于各个衣片以及部件块面的合理分布，
力求达到最佳比例，能够使服装创意形式千姿百态。

从图3-36所示的这款创意西装局部的构成可见，设计师将原有的西装前片进行了大胆的
分割、层叠和立体化处理，原本一个块面的前片产生了丰富的变化和奇幻的视觉效果。下面再
将面的各种表现形式加以分类介绍。

（三）面的构成类型

1.衣片的面

衣片的面，包括前衣片、后衣片、袖片、领片、袋片、裤片、裙片等所有构成服装的部
件。例如，图3-37中所示的这款创意女装就是以衣片的面为主进行变化构思的案例。

2.色彩的面

所谓色彩的面，就是通过色块本身或不同色块之间的差异变化而制造的块面，可以使面的
感觉更为强烈，更具有层次感和韵律感等。以图3-38所示为例，这款创意男装的设计就是将原
本可以同色的面用不同的色彩加强区分，同时也强化了设计理念的表达和创意效果的实现。

3.图案纹样的面

所谓图案纹样的面，就是由通过印、绣、拼接、面料再造等各种手法，在原有衣片面的

图3-37　以衣片的面为主要创意点的女装设计作品

图3-38　以色彩的面为主要创意点的男装设计作品

图3-39　以图案的面为主要创意点的男装设计作品

图3-40　以配饰的面为主要创意点的女装设计作品

基础之上再创作出来新的面，这种面不仅可以弥补服装的单调感，同时也是设计风格的主要体现方式之一。例如，在图3-39所示的案例中，设计师通过不同色彩面的拼接，将整个服装前片改造为一幅立体主义绘画感的图案构成，创意风格尤为鲜明。

4. 配饰的面

所谓配饰的面，就是指由围巾、披肩、帽子、包袋等较大的饰物构成的整套服装中特殊的面。这类面往往起到视觉中心或者呼应视觉中心的作用。例如，在图3-40所示的创意设计案例中，女装的帽子配饰由卷曲而尖锐的面构成，如花般婀娜多姿，成为整套服装突出的创意亮点。

5. 材料的面

所谓材料的面，是指可使得服装造型的视觉效果更为丰富的，由面辅料等特殊质地和肌理等构成的面。例如，图3-41所示的创意服装设计中不同材料的面相互交叠和组合，包括尼龙、仿皮、漆皮、毛呢等，令结构造型的面的特征更加鲜明起来。

思考与练习

- 根据本节所介绍的面的构成原理，搜集各种不同面的构成的案例，并加以分析和理解。
- 运用不同面的构成类型原理设计一个以面为要素的结构造型部件，并将其用坯布的形式制作出来。

四、体

（一）什么是体

体是面的移动轨迹和面的重叠，是有一定广度和深度的三次元空间，点、线、面是构成体的基本要素。在造型艺术设计中，体可以是面的合拢与点、线的排列集合等，设计上的体是有色彩、有质感的。例如，在图3-42所示的建筑造型艺术设计中，一部分的体是由线的排列构成的，而

图3-41　以材料的面为主要创意点的女装设计作品

图3-42　建筑造型艺术设计中的体

另一部分则是由若干三角形的面的合拢组合而成的。对于服装结构造型的创意设计而言，主要有以下六大构成方式。

（二）体的构成类型

1.面的重叠构成体

在创意服装设计中，所谓面的重叠构成体，指通过多层的面相互重叠，达到一定的体量，从而构成体的设计手法。如图3-43所示的服装设计作品，这款连衣裙的体量就是由无数层的面相重叠，并通过面的大小渐变形成了耸肩和裙撑等造型创意，令人有耳目一新的感受。

2.面的折叠构成体

在创意服装设计中，所谓面的折叠构成体，指通过对于服装各面的折叠，形成服装表面的突起，并达到一定的体量，从而构成体的设计手法。如图3-44所示的三宅一生的作品，该款服装主体的形态即是采用手工折纸的方法，将衣片的面折叠成一个新的体，并达到了覆盖全身的体量而形成的造型。

3.面的分割和嵌入构成体

在创意服装设计中，所谓面的分割和嵌入构成体，指通过对于表面的分割，并插入新的若干面，从而形成服装表面的变化，并达到了一定的体量，进而构成体的设计手法。例如，在图3-45所示的这款创意设计作品中，原本针织面料的套头衫被分割成若干的块面，同时又插入了图案或材质不同的新的面，尤其在衣摆部位插入的面，由于达到了一定的圆锥形的量而构成了体。

4.面的卷曲构成体

在创意服装设计中，所谓面的卷曲构成体，指通过对面的卷曲，使一个面转换成为具有三

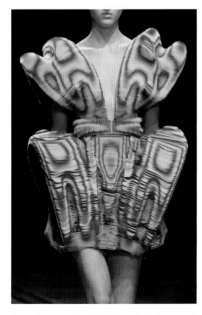

图3-43　由面的重叠构成体的创意服装设计作品

图3-44　由面的折叠构成体的创意服装设计作品

图3-45　由面的分割和嵌入构成体的创意服装设计作品

维空间范围的体，并达到了一定的量，进而构成体的设计手法。这种设计手法在创意服装设计中很常用，体量小的可以视作点、线、面，而体量大的则可视为体。如图3-46所示的案例可见，该款创意服装作品的领部、腰部和裙身都是运用了面的卷曲来构成大的体量。

5.面的合拢构成体

在创意服装设计中，所谓面的合拢构成体，指通过将不同维度的面进行拼合，使多个面共同构成具有三维空间范围的体，并达到了一定的量，进而构成体的设计手法。应该说，所有的服装都是由不同部位的面合拢而形成体的，但在创意服装设计中，则特别指能够产生非同寻常的造型体。例如，在图3-47所示的案例中，设计师对于经典的西装造型进行了大胆的创意，将袖身的面在体量和数量上都增加了一倍，再将其合拢到衣身上面，从而得到了别出心裁的造型效果。

6.点或线的排列集合构成体

在创意服装设计中，所谓点或线的排列集合构成体，指通过将点或线进行一定密度的排列，使之共同构成具有三维空间范围的体，并达到了一定的量，进而构成体的设计手法。例如，在图3-48所示的这套创意服装中，由鱼骨线的排列构成了形似鸟笼般的斗篷体，并且达到了很大的量，从而形成了极具视觉效果的创意服装。

 思考与练习

- 根据本节所介绍的体的构成原理，搜集各种不同体的构成案例，并加以分析和理解。
- 运用不同体的构成类型原理设计一个以体为要素的结构造型部件，并将其用坯布的形式制作出来。

图3-46 由面的卷曲构成体的创意服装设计作品

图3-47 由面的合拢构成体的创意服装设计作品

图3-48 由点或线的排列集合构成体的创意服装设计作品

第三节 结构造型四大要素在服装上的综合运用

综合前述结构造型要素的原理，以及在服装设计中的表现形式，点、线、面、体的概念都是相对而言的，具有一定的模糊性。相对于服装结构造型整体而言，服装上的某一部分可以看作是一个点，但它本身可能是一个较小的面或者是几条线。如图3-49所示案例中后背的两个呈扇形打开的面，又在其中含有立体褶制成的放射线，但由于较之整体的比例较小，因而可以被视作两个并列的点。

同样道理，较之整体而言，小量的体可以看作点，细长的体可以视作线，线缩短长度也可以看作点，而大点则可以看作面等。如图3-50所示的创意服装设计作品中，每一根单独的圆管体都可被视作点和线，而线的排列与组合则可以构成体。

因此，对于通过结构与造型进行的创意设计而言，在创作过程中不可将点、线、面、体的概念割裂开进行考虑，而是应该以整体的观念，以及相互联系和转化的思维，将上述四大要素协同推进，并不断调整各自的比重，以重点突出的手法，显示自身作品的创意侧重所在。例如，在图3-51所示的创意设计作品中，设计师对富有现代感的各种几何块与面进行了重组，并结合运用硬朗的线条、几何拼接的手法以及块面的肌理，表达出破坏重生的感觉。设计作品中突出了较夸张的造型，肩部和腰部的对立成为视觉的重点，整体廓型体现为T型或X型，强调硬朗、独特的立体造型与结构变异，将四大要素完美地融于一体。

在以结构造型为主的创意服装设计中，点、线、面、体这四大要素是构成的核心，而方、

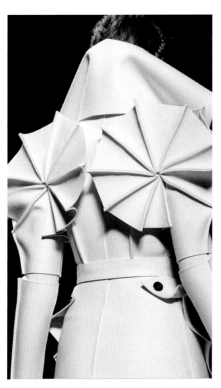

图3-49 由较小的线和面构成的创意服装设计作品中的点

图3-50 立体的线与体之间相互转化的创意服装设计作品

图3-51 综合运用点、线、面、体的相互转化而创作的作品

圆、角、曲等各种造型的完美组合又是它们构成的关键，最终服装的本体就是在此基础之上由不同色彩、图案、肌理和质地的面料缝制而成。此外，除了通过四大要素的造型变化来设计服装的面料以外，包括服装的辅料、服饰配件和制作工艺等也都蕴含着对结构造型的不懈追求，以及四大要素的协调构成。例如，在图3-52所示的系列服装作品中，头盔与手套突显出来的辅料、配件和工艺的点、线、面、体构成，与服装完美地融合在一起，又充满了创意的魅力。

图3-52　综合运用点、线、面、体的相互转化而创作的系列作品之一

✎ 思考与练习

◉ 根据点、线、面、体的构成概念，综合前面的练习，用纸、坯布在人体模特上分别尝试练习，突出点、线、面、体的基本服装造型，理解人体空间形态和服装造型的基本关系和转换。

◉ 根据点、线、面、体的构成概念进行综合造型训练：在人体模特上进行一款自由造型创意服装设计，然后选择合适的面料进行实物制作。

本章小结

本章是对结构造型创意服装设计基本原理的阐释，整个章节都是围绕点、线、面、体这四大要素展开的。首先，对所有造型艺术而言，这四大要素都是基础和关键要素，就如同我们玩乐高玩具时的每一块模块一般，都是构成所有形态的基础元素。

其次，本章分别就四大要素在服装中的表现形式进行了阐述，由点的构成类型，到线的构成类型和设计法则，再到面在服装中的作用和面的构成类型，最后是体的构成类型及其方法，每一要素都尝试通过大量的案例加以说明。

最后，本章探讨了结构造型创意服装设计中综合运用的手法，即所有的要素在服装中都是相对而言的。总而言之，熟练而高超地综合运用和驾驭好服装结构造型的点、线、面、体四大构成要素，一定能够令设计师们的非凡创意获得坚实的根基，并在经过长期的实践后最终创造出属于自己的服装结构和造型风格。

第四章

结构造型设计的
相关因素

第一节   影响服装结构造型的三大因素

在对服装的结构造型开展创意设计的时候，除了需要理解其基本概念、发展历史、创意思维的原理和方法，以及结构造型的原理外，还必须考量有哪些因素是影响服装结构造型的，也就是相关的周边因素，如此才能够从总体上做到服用合理性与创意奇特性的结合。否则很有可能造成创意服装不适应人体，即只有创意的形态或设想，而没有服用性，或无法实现设计的构思。下面介绍相关的三个方面的主要影响因素。

一、人体的因素

人是服装的主体，服装结构造型无法脱离人体这个主体，从某种意义上说，人体是服装的支架，服装的结构形态可以理解为：服装 = 人体 + 服装和人体之间的空隙。从这个角度上来看，服装与人体的关系可以分为三种类型。

（一）贴体型

贴体型的服装是指服装与人体之间几乎没有空隙，完全贴合人体的服装造型，因而此类服装需要紧贴人体的表面进行结构设计，设计的重点在于以人体为造型的内部结构线条的分割和布置，做到既合乎人体造型，又具有创新的结构。此类设计经常出现在健身、潜水等运动服装的设计中（图4-1），以及内衣设计领域（图4-2）。

图4-1　在完全贴体的服装结构造型中，人体的因素显得尤为重要

图4-2　内衣创意服装中的贴体型设计

图4-3　在高级女装的结构造型中常见适体型设计

图4-4　裙身与人体游离的创意服装设计作品

（二）适体型

适体型的服装是指服装与人体之间的空隙适度，既不完全贴合人体，又不会过度脱离人体的服装造型，其宽松量主要集中在四肢活动的关节部位，以及衣摆或裙摆等局部，是一种基本符合人体形态的服装。此类创意服装的造型因为基本是围绕人体展开的，所以造型的夸张度有限，设计亮点经常出现在领子、门襟和下摆等部位，并在高级成衣服装设计中比较常见。在图4-3所示中，领子和门襟的边缘造型被设计为适体型的圆弧锯齿形状，颇具新意。

（三）游离型

游离型的服装是指服装与人体之间的空隙是无限度延展的，除了在局部与人体贴合或支撑的部位以外的任何位置，包括头、肩、背、臀等处游离于人体之外，其尺寸和造型没有限制。游离型特别适合结构造型的创意服装，经常出现在创意类服装设计中。例如，在图4-4所示的服装作品中，莫斯奇诺（Moschino）品牌的设计师由洛可可风格的历史造型中获得灵感，将牛仔连衣裙的裙身部分进行了撑垫处理，从而获得了游离型的结构造型效果，可谓是于传统服饰中的创新运用。

正是由于有了上述三种服装与人体之间的基本形态，我们在进行结构造型服装设计的时候便需要始终将人体置于设计的构思过程中，大到服装的整体廓型，小到局部的某个部件，考量其与人体的关系需要采用哪种类型并加以处理。因此，对于人体的性别、年龄、比例，以及各部位尺寸和造型等都要深入把握，以适应不同类型人体的穿着适用性，并以此为基础，实现创意设计。

 思考与练习

● 理解影响服装结构的人体形态造型因素，思考如何使服装的造型在符合人体形态的同时达到舒适和创意的目的。

● 根据服装与人体的三种造型关系，分别在纸面设计三款创意服装，要求既能够满足人体的穿用性，又具有一定的创新性。

二、面料的因素

每种面料都有其固有的特性，如轻—重、飘—荡、柔—挺等，以及在重力作用下的伸展变形性，或是弹性面料的纵横向变形度等。每个结构造型的实现都有其面料特性要求，如能通过尝试将之对应结合，选用合适的面料，就能够达到造型变化的要求，而同一个平面形态造型，也因其不同面料的立体成形状态而大相径庭（图4-5）。

以下将根据我们在服装设计中常用的一些面料的基本性能分类介绍其相应的结构造型效果。

图4-5　不同的面料性能所产生的结构造型效果是不一样的

（一）棉布

棉布，是各类棉纺织品的总称，多用来制作时装、休闲装、内衣等。其优点是风格轻松自然、穿着柔和贴身；缺点则是易缩、易皱、恢复性差、光泽度差，必须时常熨烫。正是由于棉布的不易定形的特性，我们常用来设计结构并不硬挺、比较自然的创意服装。棉布中也有很多分类，下面对几种常用的棉布加以介绍：

1. 纯棉

纯棉指全部以棉花为原料织成的面料，易缩、易皱、易起球，外观上不太挺括美观，在穿着时必须时常熨烫。其中，精梳棉，或称"精梭棉"，织得比较好，处理得也比较好，这类棉布可以最大限度地防止起球，比较适合设计休闲风格的结构造型。当然，在进行立体裁剪时使用的白坯布就是纯棉材料。

2. 涤棉

涤棉是混纺材料，相对于纯棉而言，就是涤纶纤维和棉纱线的混纺，相对于"精梳棉"来说易起球，但是因为有涤纶成分，所以面料相对纯棉来说要柔软一些，不容易起皱，可以用于制作更加挺括的造型。

3. 水洗棉

水洗棉是以棉布为原料，经过特别处理后使织物的表面色调、光泽更加柔和，手感更加柔软，并在轻微的褶皱中体现出几分陈旧之感。这种棉布具有不易变形、不褪色、免熨烫的优点。比较好的水洗棉布的表面还有一层均匀的毛绒，风格独特。

4. 冰棉

冰棉具有薄、透气、凉爽、不易缩水等特点。通俗地讲，冰棉就是在棉布上加了涂层，颜色以单一色调为主，有白、军绿、浅粉、浅褐等色。冰棉有透气、凉爽的特点，手感光滑柔软，穿着有凉凉的感觉，表面有自然褶皱，穿在身上薄而不透。这种面料适用于连衣裙、七分裤、衬衫等，别具风格，是制作夏装的上等面料。

5. 莱卡棉

莱卡棉就是在棉布中加入了莱卡。莱卡是杜邦公司独家发明生产的一种人造弹力纤维，可自如拉长4~7倍，并在外力释放后，能够迅速回复原有的长度。它不可单独使用，能与任何其他人造纤维或天然纤维交织使用。它不改变织物的外观，是一种看不见的纤维，能极大地改善织物的性能。莱卡棉非凡的伸展性与回复性能令所有织物都大为增色。含莱卡棉的衣物不但穿起来舒适合体、行动自如，而且具有超强的褶皱复原力，设计制作的服装经久而不变形。莱卡棉常用来设计贴体型服装（图4-6）。

6. 丝光棉

丝光棉选用的棉花原料较为高档，且经过一系列严格的加工程序，其产品可谓"棉中极品"，既保留了纯棉柔软舒适、吸湿透气的天然优点，还具有很多独特优势：纱线强力增大，

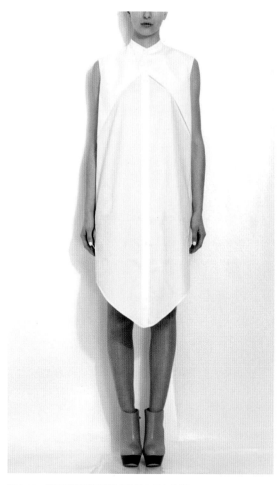

图4-6 使用莱卡棉设计的连衣裙   图4-7 使用丝光棉设计的衬衫式连衣裙

不易断裂；光泽感增强，有丝一般的亮度；染色性能提高，色泽鲜亮，不易掉色；纱线断裂程度随张力的增大而减少，即不易因拉长而变形（图4-7）。

（二）麻布

麻布，是一种以大麻、亚麻、苎麻、黄麻、剑麻、蕉麻等各种麻类植物纤维制成的布料。它一般被用来制作休闲装、工作装，且多用于制作普通的夏装。麻布的优点是强度极高、吸湿性、导热性、透气性甚佳。它的缺点则是穿着不舒适，外观较为粗糙、生硬。因此，麻布常用于粗犷、原始或田园风格的创意服装设计。

例如，在图4-8所示的使用亚麻面料设计制作的风衣和长裙显示出一种自然、原生态的生活方式；而图4-9所示的使用精细麻纤维面料设计制作的长外套则更具有都市与田园相混合的风格。

（三）丝绸

丝绸，是以蚕丝为原料纺织而成的各种丝织物的统称。与棉布一样，它的品种很多，个性各异。它可被用来制作各种服装，尤其适合用来制作高级礼服。丝绸的优点是轻薄柔软、滑爽透气，色彩绚丽且富有光泽，用于制作的服装有高贵典雅之感，穿着舒适性较好。它的不足则

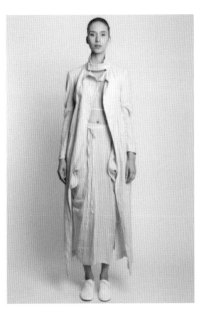

图4-8 使用亚麻面料设计制作的风衣和长裙

图4-9 使用精细麻纤维面料设计制作的长外套

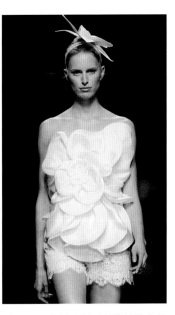

图4-10 使用丝绸面料设计的盘花小礼服

图4-11 使用丝绸面料设计的镶色连衣裙

是易生褶皱，容易吸身、不适合硬挺结构的服装等。因此，在进行创意服装设计的时候要向着柔顺的方面考虑，可以尝试运用褶裥、荷叶或波浪等结构设计（图4-10、图4-11）。

（四）呢绒

呢绒，俗称毛料，它是对用各类羊毛、羊绒织成的织物的泛称。它通常适用于制作礼服、西装、大衣等正式、高级的服装。呢绒的优点是防皱耐磨、手感柔软、高雅挺括、富有弹性、保暖性强等，可以用来塑造比较厚重的结构造型（图4-12），也适用于强调挺括感的结构设计（图4-13）。它的缺点主要是洗涤较为困难，不适用于制作夏装，也不适用于设计轻薄、飘逸的造型。

（五）皮革

皮革，原指经过鞣制而成的动物毛皮面料，多用于制作时装、冬装。皮革具有造型效果强的优势，所以经常被用

图4-12　使用呢绒面料设计制作的裙套装　　　图4-13　使用呢绒面料设计制作的连体裤

于创意服装的结构设计中，而且其表面各种不同的光泽也有助于造型的凸显。在现代加工工艺水平下，皮革主要有三种类型：真皮、再生皮和人造革。

1. 真皮

真皮，又可以分为两类：

一是革皮，即经过去毛处理的皮革，是秋冬季高级创意服装设计舞台上的常用面料（图4-14）。

二是裘皮，即处理过的连皮带毛的皮革。它的优点是轻盈保暖、雍容华贵（图4-15）。它的缺点则是价格昂贵，对于收藏、护理方面要求较高，故不宜普及。学生进行创意设计时，可以采用仿制效果较好的人造毛皮来替代。

2. 再生皮

再生皮，是将各种动物的废皮及真皮的下脚料粉碎后，再调配化工原料加工制作而成。其表面加工工艺同真皮的修面皮、压花皮一样，特点是皮张边缘较整齐、利用率高、价格便宜，但皮身一般较厚，强度较差，只适用于制作平价公文箱、拉杆袋、球杆套、皮带等产品，一般不用于制作服装。

3. 人造革

人造革，也称仿皮或胶料，具有花色品种繁多、防水性能好、边幅整齐、利用率高和价格相对真皮便宜的特点，因此成为学生进行创意服装设计时的常用材料。绝大部分的人造革，其

图4-14　使用两种革皮设计制作的裙套装　　图4-15　使用裘皮设计制作的外套

手感和弹性无法达到真皮的效果，但是随着制作工艺的不断完善和提高，好的人造革已经达到甚至超过了真皮的效果，当然，价格也是不相上下的。

（六）化纤面料

化纤，是化学纤维的简称。它是利用高分子化合物为原料制作而成的纤维的纺织品。通常，它分为人造纤维与合成纤维两大门类。它们共同的优点是色彩鲜艳、质地柔软、悬垂挺括、滑爽舒适，虽可用以制作各类服装，但总体档次不高，难登大雅之堂，然而却是学生进行服装创意设计的主要材料，同时也是环保设计的首选材料。化纤面料的缺点是耐磨性、耐热性、吸湿性、透气性较差，遇热容易变形，容易产生静电，因而在制作时有一定的工艺要求，但同时也易于制造出意想不到的创意效果。

例如，在图4-16所示的化纤面料套装中，设计师正是运用了化纤面料遇热变形的特点，将上装部分进行加热皱褶处理，形成了自然的皱褶与顺滑的裙身，进而形成同色异质的视觉效果。而在图4-17所示的创意礼服设计中，化纤面料的悬垂挺括又被设计师用于表现中国传统服饰的特色图案和优雅风格。

（七）混纺面料

混纺面料，是将天然纤维与化学纤维按照一定的比例，混合纺织而成的织物，可用于制作各种服装。它的长处是既吸收了棉、麻、丝、毛和化纤各自的优点，又尽可能地避免了它们各自的缺点，而且在价格上相对低廉，所以大受欢迎。对进行创意设计的学生作品而言，混纺面料无疑是最佳选择。

图4-16　经褶皱处理的化纤面料套装　　　　图4-17　使用化纤面料设计制作的礼服

（八）针织面料

按织造方法划分，针织面料有纬编针织面料和经编针织面料两类。

1. 纬编针织面料

纬编针织面料常以低弹涤纶丝或异型涤纶丝、锦纶丝、棉纱、毛纱等为原料，采用平针组织、变化平针组织、罗纹平针组织、双罗纹平针组织、提花组织、毛圈组织等，在各种纬编机上编织而成。它的品种较多，一般有良好的弹性和延伸性，织物柔软、坚牢、耐皱，毛型感较强，且易洗快干。不过纬编针织物的吸湿性差，织物不够挺括，且易于脱散、卷边，易于起毛、起球、勾丝，主要有以下品种：

（1）涤纶色织针织面料：织物色泽鲜艳、美观、配色调和，质地紧密厚实，织纹清晰，毛型感强，有类似毛织物花呢的风格。此种面料主要用作套装、风衣、背心、棉袄、裙子、童装等。

（2）涤纶针织劳动面料：这种织物紧密厚实、坚牢耐磨、挺括且有弹性，若原料采用含有氨纶的包芯纱，则可以织成弹力针织牛仔，弹性更好，主要用于长裤等。

（3）涤纶针织灯芯条面料：织物凹凸分明，手感厚实丰满，弹性和保暖性良好，主要用于上装、套装、风衣等。

（4）涤盖棉针织面料：织物染色后可作为衬衫、夹克、运动服的面料。该面料挺括抗皱、坚牢耐磨，尤其贴身一面吸湿透气、柔软舒适。

（5）人造毛皮针织面料：织物手感厚实、柔软，保暖性好。根据品种不同，该面料主要用于大衣面料、服装衬里、衣领、帽子等。另外，人造毛皮也有用经编方法织制的。

（6）天鹅绒针织面料：织物手感柔软厚实、坚牢耐磨，绒毛浓密耸立，色光柔和。该面料主要用作外衣面料、衣领或帽子用料等。它也可以用经编织造，如经编毛圈剪绒织物。

（7）港型针织呢绒：其既有羊绒织物的滑糯、柔软、蓬松的手感，又有丝织物的光泽柔和、悬垂性好、不缩水、透气性强的特点。该面料主要用作春、秋、冬的时装面料（图4-18）。

2. 经编针织面料

经编针织面料常以涤纶、锦纶、维纶、丙纶等合成纤维长丝为原料，也有用棉、毛、丝、麻、化纤及其混纺纱为原料织制的。它具有纵向稳定性好、织物挺括、脱散性小、不易卷边、透气性好等优点。但其横向延伸性、弹性和柔软性不如纬编针织物。经编针织面料主要有以下种类：

（1）涤纶经编面料：布面平挺，色泽鲜艳，有厚型和薄型之分。薄型主要用作衬衫、裙子的面料；中厚型、厚型则可作大衣、风衣、上装、套装、长裤等的面料（图4-19）。

（2）经编起绒织物：主要用作冬季大衣、风衣、上衣、西裤等的面料，织物悬垂性好，易洗、速干、免烫，但在使用中静电积聚，易吸附灰尘。

（3）经编网眼织物：织物质地轻薄，弹性和透气性好，手感滑爽柔挺，主要用作夏季衬衫的面料。

（4）经编丝绒织物：织物表面绒毛浓密耸立，手感厚实、柔软、富有弹性，保暖性好，主要用作冬季服装、童装的面料。

（5）经编毛圈织物：织物手感丰满厚实，布身坚牢，弹性、吸湿性、保暖性良好，毛圈结构稳定，具有良好的服用性能，主要用作运动服、T恤、睡衣、童装等的面料。

此外，经编花边，或称蕾丝，也是一种主要用于创意服装设计的经编面料。

图4-18 使用港型针织呢绒设计制作的大衣

图4-19 使用涤纶经编面料设计制作的服装

（九）复合面料

复合面料，指一种采用超细纤维在特定的纺织加工和独特的染色整理后，再经"复合"设备加工而成的面料。复合面料应用了"新合纤"的高新技术和新材料，具备很多优异的性能（与普通合成纤维相比），如织物风格精致、文雅，织物外观丰满、防风、透气，并且具备一定的防水功能。它的主要特点是保暖性、透气性好，不仅具备了表层纤维的外观，还具备了地层材料的硬挺质地，可塑性好，适合造型（图4-20、图4-21）。

图4-20 使用复合面料设计制作的裙装

图4-21 使用复合面料设计制作的大衣

由于复合面料采用了超细纤维，故该织物具有很高的清洁能力，即去污能力。该织物还有一个特点是耐磨性好，超细纤维织物手感柔软、透气、透湿，所以在触感和穿着舒适性方面，具有明显优势。但是，超细纤维织物的抗皱性较差（这是因为纤维柔软，折皱后弹性回复差所致）。为了克服这一缺点，故采取了"复合"工艺，这样大大地改善了超细纤维织物抗皱性差的缺点。复合面料是当下流行的外套面料，也是进行创意服装设计的首选。

 思考与练习

● 理解影响服装结构的面料性能因素，思考在相同的服装结构情况下，不同的面料会有如何的造型变化。

● 选择三种类型的面料，根据面料的不同特性进行款式设计，要求既能体现面料的特性，又能表达设计的创意性。

三、裁剪的因素

面料的二维形态是决定服装三维形态的最主要因素，也就是服装样板。二维的面料形态组合转换为三维的服装造型，或三维的服装造型分解为二维的样板造型，这就是服装的外在造型和内部结构之间的对应关系和转换方式。

其实许多服装设计大师正是在深刻理解服装内在结构的基础上创新设计出真正突破常规、独具新意的服装精品的，也正是这样的作品才具有非同一般的震撼力，也更能保持持久的魅力，甚至成为服装设计师的标志。例如，亚历山大·麦昆（Alexander McQueen）就曾经在前人斜裁的基础上，创制了一种圆形剪裁的手法，令其天马行空般的创意得以完美展现，同时也成为他的个人符号之一（图4-22）。

图4-22　亚历山大·麦昆的创意服装设计作品

相较于人体和材料的因素而言，裁剪的因素才是设计师可以完全主导的因素，其余两者是需要被动考虑和适应的。因此，本部分重点在于将要分别介绍的以平面和立体两种裁剪手法进行创意服装设计的技巧，而在此之前先要以女装为例初步探讨一下裁剪之于服装结构造型的基础作用。

无论是平面裁剪还是立体裁剪，其出发点都是基于人体造型的。最初的二维板型就是源于面料在人体上铺排而形成造型的某些规律总结，即某种原始意义上的立体裁剪，然后逐渐形成一套以几何或者数理为计算模型的公式算法和线条绘制技术，甚至早年的裁缝仅凭借一把市尺和划粉就能依照自己的经验绘制出平面板型来。正因如此，两种裁剪方式本质上是一体两翼的，这个"体"就是人体。

（一）女上装的基本二维板型

1. 女上装的基本二维板型与服装三维造型的关系

通常，设计师在进行服装设计时，先要在脑海中进行三维的服装外在造型构思，然后以服装平面效果图和款式图等形式表达出来，此后再根据图纸进行服装内在结构的分析，从而设计确定服装的平面样板。

因此，服装样板与服装三维造型的准确对应成为服装三维造型完美实现的关键。由此也就决定了服装样板设计和服装外形设计不可分割的紧密关系，决定了服装设计师必须在理解掌握服装样板的基础上进行服装设计的重要性。

2. 女上装的基本二维板型画法

以下先通过介绍一个欧美和日本比较通用的女上装基本板型制作法，即原型制板法，来演示女性人体造型是如何转换为平面板型的，下面先从基准线的画法开始（图4-23）。

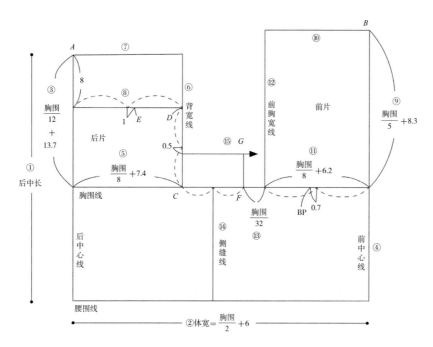

图4-23　女上装基本板型的基准线画法（单位：cm）

画基准线的步骤如下：

① 画出后中心线，高度为后领根A至腰围线的距离。

② 画出体宽线，宽度＝胸围/2+6cm（放松量）。

③ 确定胸围线高，从A向下量取胸围/12+13.7cm处画线，平行于腰围线。

④ 画出前中心线，平行于后中心线。

⑤ 确定后背宽C，为胸围/8+7.4cm。

⑥ 画出背宽线。

⑦ 画出后中心线与背宽线的连线，与胸围线一起构成一个矩形。

⑧ 从A向下8cm处画胸围线的平行线，与背宽线交于D，并取该线段中点向背宽线移1cm处，确定为背高点E，也就是人体肩胛骨最高的点位。

⑨ 从胸围线与前中心线交点处，向上量取胸围/5+8.3cm处确定为B点，即胸围线到颈肩点的高度，也就是前胸的长度。

⑩ 从B点画平行于胸围线的前胸长基准线。

⑪ 确定前胸的宽度，为胸围/8+6.2cm；取其中点并向左移0.7cm确定为胸高点BP点，即女性胸部最高的点位。

⑫ 画出前胸宽线，平行于前中心线，与胸围线和前胸长基准线共同构成一个矩形。

⑬ 在胸围线上和前胸宽线处向左移确定为F点，距离为胸围/32。

⑭ 在C点与F点之间的中心点处，画出平行于前、后中心线的线段，即侧缝线。

⑮ 最后在F点向上画垂直线，在D点与C点之间的中点向下移0.5cm并画垂直线，两线

相交于G点。

　　至此，基准线及相应基准点的位置就确定了下来。你会发现这些点线的位置确定并没有数理的依据可循，其实就是基于标准的女性体态测量和立体剪裁，以及经验总结下的一种原型模式。不同的国家和地区，甚至不同的设计师在长期的实践中都会形成各自不同的模式，各有千秋，不一而足。

　　接下来即为连接曲线和省道分布的画法示意图，也就是轮廓线的确定，如图4-24所示（具体步骤略）。需要提示的是：省道量a、b、c、d、e、f的分布为：14%：15%：11%：35%：18%：7%，并视不同人体的体型适当调整。通常情况下，前腰省量小于后背省量，6个省道的合量即为胸围和腰围的差值。

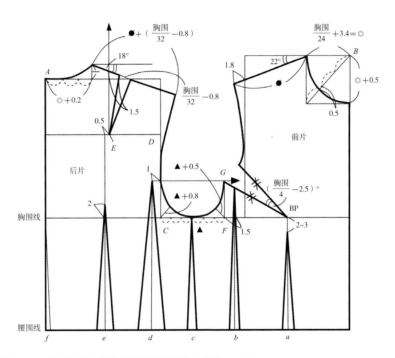

图4-24　女上装基本板型的轮廓线确定法（单位：cm）

（二）女裙装的基本二维原型及板型

　　所谓的基本板型就是原型，是指一个可以被改变成为精心设计出来的创意造型的二维基本形状。例如，女上装和女裙装的基本原型。原型是基于对某一个人体的测量或是标准化的人体分档表格中的尺寸数据，通过一定的方法构造起来的。原型中并不包含设计线或缝份线，也就是说是某一个尺寸人体的净样板。

　　当然，原型中也包含了使人体舒适活动的余量，但其活动量绝不可能与一件宽松外套的余量相等，更不可能与游离型的服装相似。一个合体的原型中有适当的省道来使这个形状适合于人体的腰部和臀部，如图4-25所示的女裙原型，而在一件宽松外套的板型中可能根本就不需要这些省道。

　　板型源于原型，最基本的板型源于对原型的对称拷贝和增加缝份，以及最基本的附件，如腰头就是最基本的一种（图4-26）。然而这是远远不够的，设计师或制板师往往通过增加设

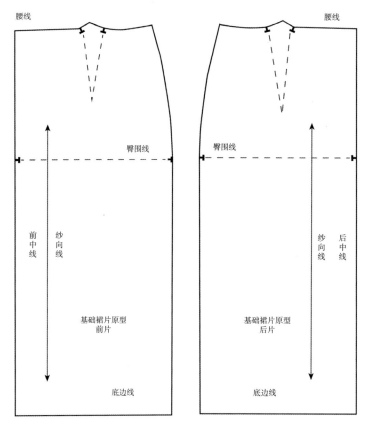

图4-25 女裙原型

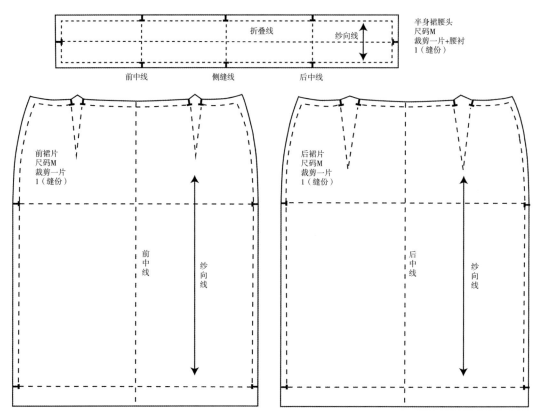

图4-26 一步裙板型（单位：cm）

计线、褶、裥、口袋或其他结构来调整，从而获得创意的板型。

　　最终的板型特征是一整套不同造型裁出的纸样，并可以依照它来裁剪面料，然后才能够通过缝制得到一件三维立体的服装。每套板型都需要有一些专用符号来帮助进行缝制时的准确拼合和整烫（图4-27）。

制图符号名称	制图符号形式	制图符号含义	制图符号名称	制图符号形式	制图符号含义
对条	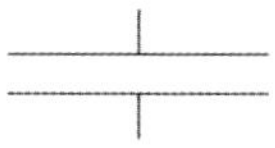	表示裁片需要对条	直角		表示两条直线垂直相交
对格	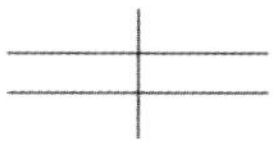	表示裁片需要对格	重叠		表示两部件交叉重叠及长度相等
单阴裥 （暗裥）	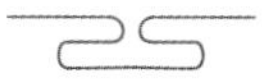	表示裥底在下的褶裥	剪切		按照箭头方向剪开
扑裥 （明裥）		表示裥底在上的褶裥	合并	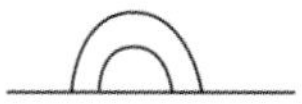	表示裁片相连或拼合
单向褶裥	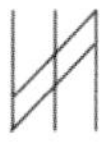	表示单向褶裥；斜线表示自高向低的折倒方向	归拢		表示借助工具或温度使此部位归拢
对合褶裥		表示双向褶裥；斜线表示自高向低的折倒方向	拔开		表示借助工具或温度使此部位拔开
缝合的锥形省	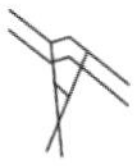	表示缝合的锥形省；斜线表示从高至低折叠	缩缝		表示用于布料缝合时收缩
折叠的锥形省		表示折叠的锥形省；斜线表示从高至低折叠	省略符号	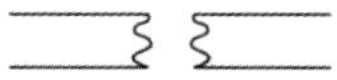	表示省略长度

图4-27　板型上的各种符号及其用途

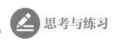
思考与练习

◉ 理解面料的二维形态、原型与板型的区别，练习制作母型并转换成为一个板型。
◉ 设计一个基本的衬衫和裙子款式，并用板型的方式将其表现出来。

第二节　平面裁剪的手法

　　原型样板的实质就是净人体的板型，在此基础上可以根据设计构思，结合平面裁剪的原理和规则来进行创意变化。规则与不规则是相对而言的，不规则是对规则的突破，把握规则才能创造不规则，这也是创意的本质含义所在。服装结构造型尽管千变万化，但其基本核心就是人体，服装的结构造型设计也就是基于人体创新款式。服装结构造型的分析可以归结到服装结构造型元素的分析，不同的服装结构造型也就是服装造型元素的不同组合。同样的服装基本结构造型元素，创新的构成组合方式可以创造出全然不同的不规则服装造型。

服装结构的基本造型形态，可归结为以下几类，每种服装造型基本元素又可以深入分解为若干个构成因素，其中任何构成因素的改变都可以成就服装不同的结构造型。以西方服装文化为主体的现代时装，其基本的构成元素可以归结为：省道、分割线、褶裥、波浪、垂荡、堆积、编拼，以及除此之外的偶然不规则造型。

一、省道

省道自12世纪出现在服装上，流行了十个世纪，至今仍为服装结构造型的最基本元素。它能够非常简单地将平面面料转换成符合人体的立体造型。省道的基本构成元素包括省道的省底、省尖、省边以及省道的量（图4-28）。省底和省尖的位置形成了省道的位置以及方向，省道的量以及省边的形态决定了造型的形态。省道的形式其实在服装款式的变化中是没有定式的，但在现代的服装设计中往往对省道的位置和形式有了很大的局限性和规范性。发掘省道的强大造型功能，大胆突破常用省道的形式，往往可以成就有新意的细部设计。

原型中设计胸省的目的是使女士穿衣之后，乳房既不受挤压，能够自然隆起，又能使衣服下摆保持前后平衡。因此，无论上衣款式如何简单宽松，胸省量均应保留。胸省的位置可以转移到领口、肩线、袖窿线、腰节、前中心线等任何部位而不需要进行计算，也没有任何公式，关键是掌握省道转移的基本方法。

以前片为例，省道转移的方法有两种：第一种方法是剪开未来通向BP点（胸高点）的省道线，合并原来设在侧缝线上的胸省，此时被剪开之处便形成一个张口，这就是未来该收的省道量。将此图形描绘下来，省道在距BP点3cm处消失即可。第二种方法是不破坏原型，首先把原型描绘到设计纸上，在欲开省道之处把原型与描样都做好标记，然后用铅笔尖按住BP点，转动原型，使原型侧缝上的胸省上边线与下边线合并，再将标记转移后的位置至原省道线部分的轮廓线重新描下，标记转移前、后之间的距离便是未来省道的尺寸（图4-29）。

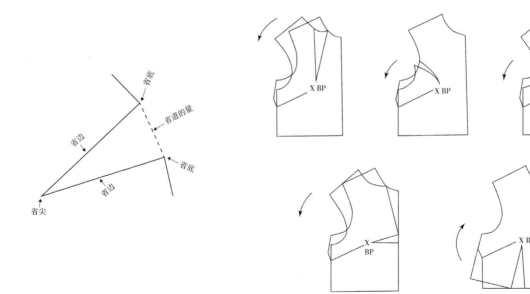

图4-28　省道各部位的名称　　　　　图4-29　前片各种不同部位的省道转移方法

后片原型肩背省也可转移，如插肩袖或有育克的款式，就可将肩背省转移到领口插肩线内或育克分割线内。方法与胸省转移类似，首先设计好插肩线或育克分割线，然后按住肩背省的省尖转动原型，使肩背省原有的两条线重合，再将移动后的轮廓线描绘圆顺即可（图4-30）。

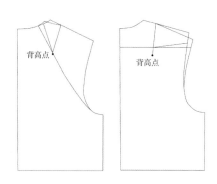

图4-30　两种后片的省道转移方法

二、分割线

俗话说："连省成缝。"由此可见，分割线是由省道发展而来的。例如，当胸省与腰省非常接近时，就可以将其转换为分割线。但是，分割线的造型功能要远远大于省道，可以说是服装结构造型元素中造型功能最强大且最常用的结构造型元素。为了满足人体体型的要求，形成了经典的公主分割线，但为了款式造型的要求，分割线可以没有任何局限性。

一方面，分割线作为将分割后的衣片进行拼缝时而形成的拼缝线，具有被动的含义；另一方面，当分割线作为现实分割的必要存在时，它就不仅只是几何意义上的线的概念，而是蕴含了设计师对服装的理解后有意识的线，因此，它又具有非常主动的含义。图4-31所示的三种前、后衣片基本分割线的设计就是非常主观的构思。

根据分割线的线型特征划分，可分为直线分割、曲线分割、螺旋线分割等；根据分割线的形态方向划分，可分为横向分割、纵向分割、斜向分割、放射状分割等；根据分割线在服装上的位置划分，可分为领围线、肩线、腰线、公主线、侧缝线以及袖窿线等分割。

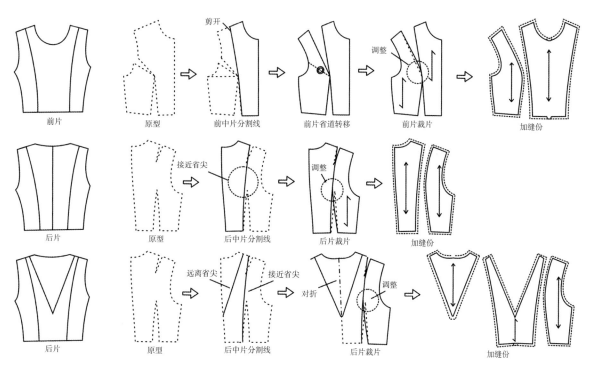

图4-31　在前、后衣片上进行的几种分割线的基本设计及制板方法

在现代服装设计中，随着服装审美的不断变化，设计师在尊重人体自然形态的基础上，展开对创意的新的审视，并通过对服装整体或某一局部的造型进行夸张或减弱处理，以表达自己对人体的再认识。这些造型的塑造都离不开设计师对分割线的灵活运用。因此，在服装造型过程中，分割线的独特作用是不可替代的。

三、褶裥

服装中的裥，就是指在衣片边缘处折叠并加以固定，既可以包含满足体型要求的省道功能，又可以包含满足款式要求的装饰功能。衣裥的基本构成元素为衣裥的位置、方向以及衣裥的量，其中，衣裥的量又可分解为衣裥的个数以及每个衣裥量的大小。衣裥的基本类型又分为单向裥和双向裥两种（图4-32）。

褶裥多会被一起提起，实际上是不完全相同的，衣褶无论在工艺形式上还是在造型形态上都不同于衣裥，相较于衣裥更为多变。衣褶也有位置、方向和量的构成因素。衣褶可以更巧妙地表现人体、塑造服装造型，许多大师的设计都让我们惊叹衣褶的造型魅力。从这个角度来说，我们既要了解褶裥的差异，又要活用褶裥的结构处理。

褶裥是根据服装合体的需要，以面料聚集形成褶皱而命名的。它从最初合体产生的自然皱褶，发展到目前有意识地利用褶皱取代省道，从而达到装饰美化的效果，完成了服装设计合体、平衡、协调、适穿的重要工艺技术内容。

（一）褶裥的类型与作用

褶裥的类型较多，有根据部位命名的领裥、肩裥、腰裥；有从工艺形态上区分的碎裥、开口裥、缉线裥、柔裥和定型裥等；从褶裥功能上看，又有合体性褶裥和装饰性褶裥。褶裥的作用有三点：一是起到装饰美化的作用；二是能取代省道形式；三是重叠的褶裥能改变面料过透、过露的状态。

图4-32　女裙中的两种裥，两侧是单向裥，中间是双向裥

前两种褶裥的作用比较容易理解，而第三种类型则要根据面料性能来定。例如，在图4-33所示的案例中，由于真丝面料的透光性较好，设计师运用了自然重叠褶裥的设计，并在连衣裙的上半部分采用双层结构，从而很好地改善了面料过透、过露的状态。

（二）褶裥形式的应用

褶裥形式的应用主要表现在合体性褶裥分散形式、褶裥增大形式和装饰性褶裥形式三个方面。

图4-33　重叠的褶裥能够改变面料过透、过露的状态

1. 合体性褶裥分散形式

合体性褶裥分散形式可被理解为是在省的变换和分散基础上的派生形式。其中，规则褶裥的数量、方向、长短均可按款式要求任意变化。例如，在图4-34所示的肩部合体性褶裥结构中，先在肩线上画出肩部开口的褶裥位置，再把前后腰节的差分成二等份，每一个褶裥占一等份的量，分两步逐步转移，然后在转移后的原型上采用分散省的形式，最后按照开口褶的要求画出褶位。

而不规则的碎褶裥应掌握"削高补低，画顺为宜"的修正原则。以图4-35所示的领部合体性褶裥形式为例，先在领线上画出碎褶裥的位置，再把前后腰节差分成三等份，分三步逐一转移，然后在转移后的原型上采用分散省的形式，最后按照碎褶裥的要求修正领口线。

2. 褶裥增大形式

褶裥的增大形式较多，其中有通过省道集中形式增大褶裥量的方法，有通过展开基础型斜移放大褶裥量的方法，以及通过展开基础型平移放大褶裥量等方法。其中通过展开省道基础型斜移放大褶裥量的方法，仅适合连衣裙款式（图4-36）；斜移和平移增大褶裥量的方法，适合于任何款式。两者都需要进行修正、画顺（图4-37）。有关定型、缉线、褶裥类也多采用平移的方法，读者可以此类推。

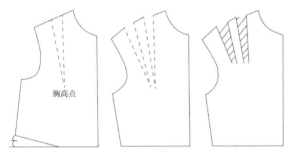

图4-34　肩部的合体性褶裥分散方法

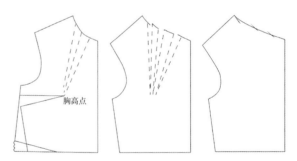

图4-35　领部的合体性褶裥分散方法

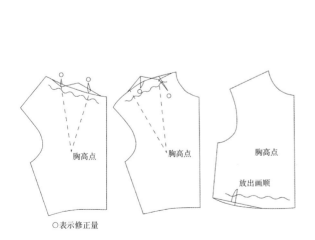

图4-36　通过展开基础型斜移放大褶裥量的方法

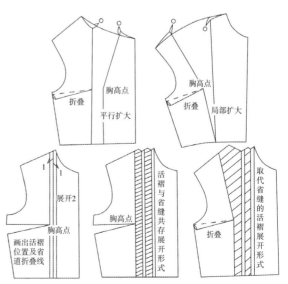

图4-37　斜移和平移增大褶裥量的方法

图4-38　与衣身相连的垂荡造型

图4-39　与衣身拼合的垂荡造型

图4-40　通过同一结构的反复与重叠的堆积
获得体量的服装创意设计

3. 装饰性褶裥形式

装饰性褶裥形式适合用于柔软、轻薄的面料以及宽松型的服装。此种形式是根据面料款型的特性，追求装饰效果和防止过透、过露现象的常用形式。在应用中，它比合体性褶裥简单，一般会直接在无省的基础型上采用平移和斜移放大的方法，其褶裥放大量可根据款式的要求而定。

四、垂荡

垂荡结构源于褶裥的一种变异造型，具有自然、和谐、优雅的特性，并与面料的悬垂性相统一。自古罗马的披挂服装到现代的优雅晚礼服，垂荡造型体现了经久不衰的典雅风格。垂荡造型的变化主要体现在位置与量的大小等方面。垂荡造型可分为与衣身相连的垂荡造型（图4-38）和与衣身拼合的垂荡造型（图4-39）两种形式。后者的造型能力较强，但前者可能更显巧妙、更耐人寻味。

五、堆积

堆积结构造型可谓是又有规则可循，又是非常不规则的结构造型。堆积造型不但可以表现面料的肌理，通过同一表面结构的反复与排列既可以获得一种丰富的视觉效果，又可以满足造型的需要。通过同一结构的反复与重叠可以获得一定的体量，是服装结构造型的有效方式。如图4-40所示的裙身部分，就是大量堆积了褶裥结构才形成的。

六、编拼

编拼结构可以获得灵活多变的造型效果，有着无尽的规则美感，又可塑造极端的创意造型。

在服装结构造型中，编是指编织，也就是采用细窄的材料，运用一定的编结手法，包括编辫、平纹编织、花纹编织、绞编、编帽、勒编等工艺，按照设计的板型或者装饰造型来塑造服装形态（图4-41）。拼则是指拼接，是将不同材质的面料按照设计的板型或者装饰造型来塑造服装形态的手法。如图4-42所示的这款创意服装，就是将皮革、皮草、竹编和薄纱等不同材质的面料，按照板型裁剪后拼接而成的。

七、极端不规则造型

除了运用各种造型元素进行不同量的组合创新之外，服装造型的创新还来自偶然，偶然之间会形成极端不规则的板型的造型效果。极端不规则造型可以彰显设计师独特的风格

图4-41 采用编织手法进行平面裁剪 的服装创意设计　　图4-42 采用拼接手法进行平面裁剪 的服装创意设计　　图4-43 极端不规则的创意造型设计

与个性，但只有那些能与人体体形巧妙结合，表现和强调结构的偶然不规则造型，才能将不规则造型转化为创意的理想形象。

　　例如，在图4-43所示的设计作品中几乎看不到人体的形态，但又与人体造型融合得夸张而且巧妙，每一处不规则的造型，如两个肩部的凸起、臀部的不规则隆起，以及服装表面的奇特突起结构，都显现出设计师桀骜不驯的造型风格。

　　本节关于平面裁剪的手法介绍，主要以服装结构造型创意设计中经常使用的七种手法展开，其创新表达也是逐步递增的。设计师需要在扎实掌握服装基本款式的平面裁剪基础（如基本板型、省道、分割线和褶裥等）后，大胆突破既有的服装形态，通过垂荡、堆积、编拼和极端不规则造型等处理方式展开不断尝试，从而做到由平面裁剪基础向结构创意的飞跃。

 思考与练习

- 理解服装结构造型的平面裁剪原理，思考如何使用各种不同的平面裁剪手法来进行服装结构造型创意设计。
- 根据本节介绍的七种平面裁剪手法，选择其中的2~3种，设计系列创意服装，每个系列3~5套服装，要求具备创意性和流行性。

第三节 立体裁剪的手法

立体裁剪是在人台或者真人的身上对一块面料进行制模或造型的过程。这一基础的技能和手法是结构造型设计的根本方式之一。

立体裁剪是相对于平面裁剪而言的服装造型手法，是一种通过使用白坯布直接在人体模型上进行服装款式造型，同时制作其板型的技术。白坯布有薄、厚、中厚三种，立体裁剪多采用中厚度的白坯布。

立体裁剪在注重布料经纬纱的同时，靠视觉与感觉塑造出形状，是可以边设计、边裁剪，直观地完成服装结构设计且行之有效的裁剪方法，同时也是最适合表现设计师灵感想象的服装技术（图4-44）。

图4-44 立体裁剪可以让设计师们充分展开灵感想象的翅膀

一、立体裁剪的起源与发展

立体裁剪起源于欧洲。13世纪哥特时代中期，当时欧洲服装经过自身的发展和对外来服装文化的融合之后，使他们对服装立体造型的感悟逐步加深，服装从平面形态向按体型构成的形态转移，具体表现出来的服装形态就是三维空间立体造型（图4-45）。这种独立的服装造型风格和技法，便是立体裁剪法。这种立体裁剪技术作为制作服装样板的基本工艺被沿用至今。

在以后的岁月里，随着人们对服装需求的提高，立体裁剪逐渐得到了发展，并在许多国家得以普及与应用。例如，美国的"覆盖裁剪"，英国的"抄近裁剪"，日本的"立体裁剪"等，均属于立体裁剪的范畴。

而今，随着现代服饰文化与服装工业的发展，我国的服装款式一改昔日的单一、单调、乏

图4-45　13世纪，欧洲服装已经出现明显的立体裁剪形制

味、陈旧的局面，出现了日新月异、万紫千红的景象。人们生活条件的改善，审美观念的改变，对服装款式、档次、品位的要求越来越高，同时促进了服装裁剪技术的不断提高和完善。

　　然而，在我国服装史上，平面裁剪法一直起着积极而重要的作用，但由于平面裁剪法在造型上有一定的局限性，立体裁剪与平面裁剪又具有互补性，引进、普及、推广立体裁剪技术则成为时代发展的必然。

　　目前，立体裁剪技术在我国已经被广泛使用，特别是在创意服装设计的领域尤为重要，不断创作出更新、更好、更富创意的服装，这也正是本书的目的所在。下面将介绍立体裁剪的特点与优势，而基础知识与技巧则不在此详述，仅对关于结构造型创意服装设计的国际前沿重要内容加以强调。

二、立体裁剪的特点与优势

（一）直观性

　　立体裁剪是一种模拟人体穿着状态的裁剪方法，可以直接感知成衣的穿着形态、特征及放松量等，是公认的最简便、最直接的观察人体体型与服装构成关系的裁剪方法，是平面裁剪所无法比拟的。

（二）实用性

立体裁剪不仅适用于结构简单的服装，也适用于款式多变的时装；不仅适用于西式服装，也适用于中式服装。同时，由于立体裁剪不受平面计算公式的限制，而是按设计的需要在人体模型上直接进行裁剪创作，所以它更适用于个性化的品牌时装设计。

（三）适应性

立体裁剪技术不仅适合专业设计和技术人员运用，也非常适合初学者掌握。只要能够理解立体裁剪的操作技法和基本要领，具有一定的审美，就能自由地发挥想象空间，进行设计与创作。

（四）灵活性

在操作过程中，可以边设计、边裁剪、边改进，随时观察效果、随时纠正问题。这样就能解决平面裁剪中许多难以解决的造型问题。例如，在礼服的设计和时装制作中，出现不对称、多褶皱及不同面料组合的复杂造型，如果采用平面裁剪方法是难以实现的，而使用立体裁剪方法则可以方便地塑造出来。

（五）正确性

平面裁剪是经验性的裁剪方法，设计与创作往往受设计者的经验及想象空间的局限，不易达到理想的效果。而立体裁剪与人体（人台）几乎不会直接接触，可以提高成功率。

由于立体裁剪有着上述许多优点，所以受到业内人士的关注和重视。一些企业、公司及设计师把它作为一种新的设计元素及品牌竞争的核心技术，也是创意服装设计的灵感源泉之一，多数设计师都是通过这种方式获得创意的。

三、立体裁剪的新方式

立体裁剪的新方式是将面料紧贴人体轮廓悬垂到人台上，或者按照所设计的结构造型略差异于人台轮廓，称为轮廓式立裁法。另一种方式是宽松式立裁法，就是将面料的一点固定在人台的一个部位上，如肩部，面料很宽松地从那些固定点上柔顺地悬挂下来。

下面分别介绍这两种国际上比较流行的立体裁剪方式。

（一）轮廓式立裁法

20世纪90年代晚期，蒂姆·威廉姆斯（Tim Williams）为一些品牌设计了女式贴身内衣裤和泳装，并发现了一种方式，可以在人台上直接画出缝合线和边缘，并由此快速准确地制出板型。他是这样解释轮廓式立裁法的："对于人体轮廓式的立裁法而言，你必须使用服装人体模型作为你的母型（图4-46）。这个方法须非常精确地沿着人台的廓型，在人台上标注出轮廓，以使贴合人台的造型从缝合线中产生。我已在电影工业、女式贴身内衣裤、泳装和运动装方面运用了这种方法。我喜欢采用这种方式，因为从一开始我就在一个三维空间中'画'缝合线了。"

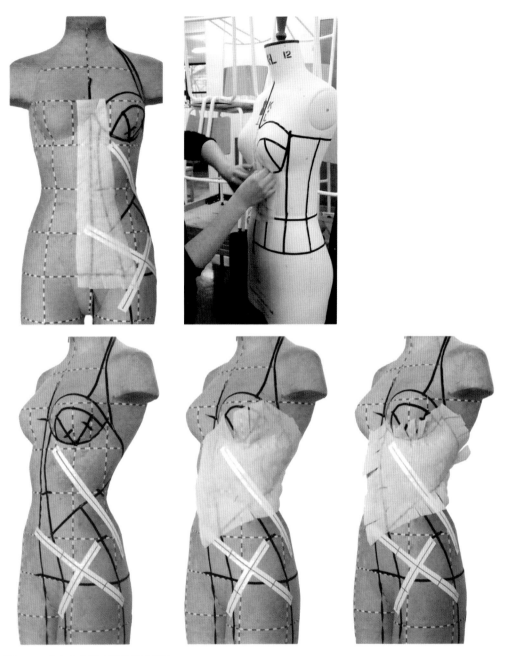

图4-46 在人台上贴出设计的轮廓线

在创造了一个适合于人台的板型以后，就要运用板型处理的手法来推档，并对其中的局部作放量或减量的调整。创造一个适合人台的板型是相对容易的，而下一步，适合于一个人体或确保其舒适性和活动量却是这种方法成败的关键。

在使用这种方法的时候，需要尽早依照最初的板型制作一个坯样，由此获得人台造型与他们的模特造型之间的差异反馈。这种方法的原则非常简单：先在人台上标注好缝合线的位置，就像绘画，而这个简单的进程需要在审美和技巧上都很有经验。

在操作过程中，始终要清晰地记得最初的设计目标。用一块最终面料放置于人台上，以此

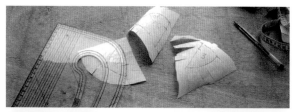

图4-47　运用板型处理的方法修正

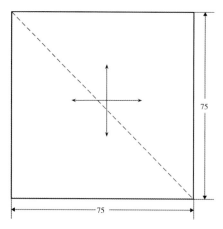

图4-48　裁出适当大小的面料或白坯布并做标记

检视设计结果与设计目标的差距。例如，一块非常硬挺而无弹性的面料需要大量的省道和分割线来使轮廓符合人台。而一块弹性的针织面料，则会自然贴服于人台表面，而不需要太多的缝合线（图4-47）。

（二）宽松式立裁法

另一种立体裁剪的方式就是宽松式立裁法。宽松式立裁法是将白坯布宽松地顺着人台悬垂下来，通过自然的面料效果来造型。而一些宽松式立裁还需要利用撑垫，如悬垂面料需要附着胸衣等。这种立裁方法在创意成衣中比较常用，下面以袖子的设计立体裁剪过程为例，介绍主要操作步骤：

第一步，按照设计的款式大小裁出面料或白坯布，并画出对位线、辅助点和纱向线等，图4-48所示为需要立体裁剪的袖片部分。

第二步，将裁好的袖片自然放置到设计的位置，如图4-49所示，并对位肩缝线和袖山中线。所有宽松式立裁的服装都需要一个悬挂点，如领线、肩线、袖窿线、胸线、腰线或臀线等，从而使面料可以悬垂，纱向线正确与否非常关键，直接影响到面料的悬垂效果。

第三步，通过一定的修剪，在充分实现袖子设计效果的情况下，将衣身的袖窿线与袖子缝合的对应线条确定下来，也就是确定好袖山线（图4-50）。

第四步，通过设计胶带将袖口线确定下来，如

图4-49　将裁好的面料自然放置到人台相应位置上

图4-50　在实现袖子设计效果的条件下确定袖山线

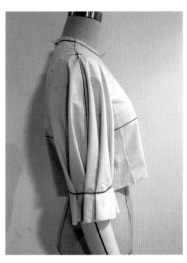

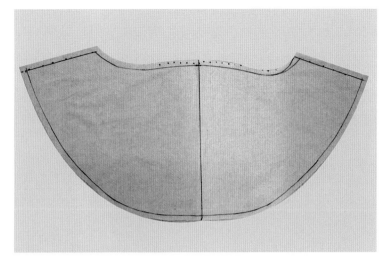

图 4-51 用设计胶带确定袖口线并留 图 4-52 最后裁成的袖片面料样板
下标记

图 4-51 所示，做好标记以后再将多余的面料裁剪掉。

第五步，将初步立体裁剪好的袖片面料从人台上取下平置，结合平面裁剪的基础知识，对裁片进行精细描绘和裁剪（图 4-52）。

四、立体裁剪的重要注意事项

● 尽量使用与最终面料最接近的替代面料（重量、纹理、品质等）或白坯布；

● 面料的布边总会比其他地方更硬或更紧，因而要剪开布边释放紧量，或者全部裁掉；

● 在立体裁剪前必须先熨烫面料，因为面料可能会烫缩；

● 注意纱向线，立体裁剪时的面料纱向必须与最终成衣面料的纱向一致；

● 选用尺寸与体型合适的人台；

● 选用便于插入人台的珠针；

● 在开始立体裁剪前要预先考虑是否需要撑垫物，如垫肩或其他撑垫；

● 牢记设计创意的造型、比例和细节；

● 对于时尚和流行要始终保持敏锐感；

● 先抓住廓型，再考虑细节；

● 避免拉伸面料，手势要轻巧；

● 经常退后几步审视作品，要有整体感；

● 如果进展不利，可先暂停，换一个角度思考和尝试。

综上所述，本节介绍了立体裁剪的发展历程、特点和优势，两种当前比较常用的新的立体裁剪方式，以及需要注意的事项等，都是为了给结构造型服装设计的主要因素提供创意的思路和手法。当然，最终实现优秀的创意设计还要综合人体的因素和材料的因素，同时结合平面裁剪来整体考量。

思考与练习

◉ 理解立体裁剪的各种不同手法和方式，思考如何使用各种不同的立体裁剪方式来进行服装创意设计。

◉ 根据不同的设计造型作为创意的基础造型，运用立体裁剪的手法进行系列创意服装设计，每个系列3~5套服装，要求具备创意性和流行性。

本章小结

本章是对结构造型创意服装设计基本原理的补充，涉及影响服装结构造型的三大因素。第一大因素，也是最根本的就是人体的因素，而服装造型与人体造型的关系有贴体型、适体型和游离型三种形态，在进行结构造型服装设计的时候需要始终将人体置于设计的构思过程中，大到服装的整体廓型，小到局部的某个部件，考量其与人体的关系需要采用哪种类型加以处理。

第二大因素是面料的因素，因为它们是构成服装的主要材料，当然还有一些其他辅料和配件，将在第五章中探讨。本章则主要阐述棉布、麻布、丝绸、呢绒、皮革、化纤面料、混纺面料、针织面料、复合面料九大面料类型的特点和适用性能，尤其推荐了适合于结构造型创意服装设计的各种面料。

第三大因素是裁剪，因为面料的二维形态是决定服装三维形态的最主要因素，而裁剪的方式则又决定了面料的二维形态。本章在简要介绍女上装的原型制板和女裙装的原型及板型制作的方法后，重点阐述了平面裁剪和立体裁剪两种手法，并强调两者相互依存、互相转换的重要性，是设计师必须扎实掌握的技能。

平面裁剪的手法需要注重省道、分割线、褶裥、垂荡、堆积、编拼和极端不规则造型的处理七种，意在鼓励设计师不断大胆尝试。

最后着重阐释了立体裁剪的手法，从它的起源与发展，到其特点与优势，并介绍了轮廓式立裁法和宽松式立裁法两种目前较为新颖的方式，还对立体裁剪时的重要注意事项加以强调。

总之，结构造型创意服装设计是一门综合性的艺术设计学科，不仅需要通过大量的创意思维训练，掌握对服装造型要素的创意原理和方法，还要把握好相关的人体因素、面料因素和裁剪因素，这样才能游刃有余地应用好这门艺术设计学科。

第五章

结构主义的造型设计手法

第一节　结构主义的概念

一、结构主义是一种研究方法

结构主义是20世纪下半叶最常用来分析语言、文化与社会的研究方法之一。结构主义不是一种单纯的、传统意义上的哲学学说，而是一些人文科学家和社会科学家在各自的专业领域里共同应用的研究方法，其目的就是试图使人文科学和社会科学也能像自然科学一样达到精确化、科学化的水平。通常，我们会将索绪尔的研究方法当作一个起点，不过结构主义并不是一个被清楚界定的流派，而是被视为一种具有许多不同变化的概括研究方法。如同任何一种文化运动一样，结构主义的影响与发展是很复杂的。

广而言之，结构主义理论产生的根源在于探索一个文化意义是透过什么样的相互关系（也就是结构）被表达出来。根据结构理论，一个文化意义的产生与再创造是透过作为表意系统的各种实践、现象、活动实现的。一个结构主义者研究对象的差异会大到如食物的准备与上餐礼仪、宗教仪式、游戏、文学与非文学类的文本，以及其他形式的娱乐，从而找出一个文化中意义是如何被制造与再制造的深层结构。例如，法国人类学家克洛德·列维-斯特劳斯（Claude Levi-Strauss）是位早期著名的结构主义实践者，他分析了包括神话学、宗族以及食物准备等文化现象。

二、结构主义的发展历程

结构主义的历史可以追溯到20世纪初，当时西方有一部分学者对现代文化分工太细，以及只求局部、不讲整体的"原子论"倾向感到不满，他们渴望恢复自文艺复兴以来中断了的、注重综合研究的人文科学传统，因此提出了"体系论"和"结构论"的思想，强调从大的系统方面（如文化的各个分支或文学的各种体裁）来研究它们的结构和规律性。其中最有代表性的学者是奥地利哲学家路德维希·维特根斯坦，他在《逻辑哲学论》（1921年）中说："世界是由许多'状态'构成的总体，每一个'状态'是一条众多事物组成的锁链，它们处于确定的关系之中，这种关系就是这个'状态'的结构，也就是我们的研究对象。这是一种最初的结构主义思想，它首先被运用到了语言学的研究上。"

出生于瑞士的斐迪南·德·索绪尔（Ferdinand de Saussure）是将结构主义思想运用到语言学研究的第一人，他在长期的语言学研究中逐渐形成了一系列与19世纪在语言学研究中占统治地位的比较语言学的观点相对立的新观点。比较语言学把一些语言事实当作孤立静止的单位对待，只注意了它们的历史比较，而忽视了语言要素之间相互制约、相互依赖的关系，忽视了语言是一个系统的整体。索绪尔则把具体的语言行为（"言语"）和人们在学习语言中所掌握的深层体系（"语言"）区别开，把语言看作是一个符号系统。产生意义的不是符号本身，而是符号的组合关系。因此，他把语言学视作研究符号组合规律的学问。索绪尔使用的词虽然是"系统"而不是"结构"，但意思是一样的。他把语言的特点看作是意义和声音之间的关系网络，纯粹的相互关系的结构，并把这种关系作为语言学研究的对象，这是结构主义语言学的主要理论原则。索绪尔的理论在他死后由他的学生整理出来并以《普通语言学教程》的书名出版，对结构主义思潮产生了深远的影响。索绪尔也因此被人们敬称为"现代语言学之父"、结构主义的鼻祖。

1945年，克洛德·列维－斯特劳斯发表了《语言学的结构分析与人类学》，第一次将结构主义语言学方面的研究成果运用到人类学上。他把社会文化现象视为一种深层结构体系来表现，把个别的习俗、故事看作是"语言"的元素。他对于原始人的逻辑、图腾制度和神话所做的研究就是为了建立一种"具体逻辑"。他不靠社会功能来说明个别习俗或故事，而是把它们看作一种"语言"的元素，看作一种概念体系，因为人们正是通过这个体系来组织世界。他随后的一系列研究成果引起了其他学科对结构主义的高度重视，到20世纪60年代，许多重要学科都与结构主义发生了关系，一个如火如荼的结构主义时代到来了。

三、结构主义的特征

总体而言，作为研究方法的结构主义有两个基本特征：首先是对整体性的强调。结构主义认为，整体对于部分来说是具有逻辑上优先的重要性。因为任何事物都是一个复杂的、统一的整体，其中任何一个组成部分的性质都不可能孤立地被理解，而只能把它放在一个整体的关系网络中，即把它与其他部分联系起来才能被理解。正如霍克斯（Terence Hawkcs）所说："在任何既定情境里，一种因素的本质就其本身而言是没有意义的，它的意义事实上由它和既定情境中的其他因素之间的关系所决定。"再如索绪尔认为，"语言既是一个系统，它的各项要素都有连带关系，而且其中每项要素的价值都只能是因为有其他各项要素同时存在的结果。"因此，对语言学的研究就应当从整体性、系统性的观点出发，而不应当离开特定的符号系统去研究孤立的词。列维－斯特劳斯也认为，社会生活是由经济、技术、政治、法律、伦理、宗教等各方面因素构成的一个有意义的复杂整体，其中某一方面除非与其他联系起来考虑，否则便不能得到理解。所以，结构主义坚持只有通过存在于部分之间的关系才能适当地解释整体和部分。结构主义方法的本质和首要原则在于，它力图研究联结和结合诸要素的关系的复杂网络，而不是研究一个整体的诸要素。

结构主义方法的另一个基本特征是对共时性的强调。强调共时性的研究方法，是索绪尔对语言学研究的一个有意义的贡献。索绪尔指出："共时'现象'和历时'现象'毫无共同之处：一个是同时要素间的关系，一个是一个要素在时间上代替另一个要素，是一种事件。"索绪尔认为，既然语言是一个符号系统，系统内部各要素之间的关系是相互联系、同时并存的，因此作为符号系统的语言是共时性的。至于一种语言的历史，也可以看作是在一个相互作用的系统内部诸成分的序列。于是索绪尔提出一种与共时性的语言系统相适应的共时性研究方法，即对系统内同时存在的各成分之间的关系，特别是它们同整个系统的关系进行研究的方法。在索绪尔的语言学中，共时性和整体观以及系统性是相一致的，因此共时性的研究方法是整体观和系统观的必然延伸。

当然，作为研究方法的结构主义不仅被应用于语言学、文化学和人类学等领域，也对此后的其他人文科学和社会科学产生了深远的影响，其中包括艺术设计学，在第二节中我们将进一步了解服装设计中的结构主义表现手法。

⦿ 理解结构主义的理论要点及其发展历程，并对其中一位学者的观点进行描述。

⦿ 思考如何运用结构主义思想和研究方法来进行服装创意设计。

第二节　创意服装设计中的结构主义手法

一、撑垫是结构主义设计手法的核心

如本书第一章"概念与历史"中所呈现的服装结构造型设计发展的三个历史阶段及其各时期的主要特征，人类的服装自古以来就以具有结构主义意味的整体形态留存于历史长河之中。每个历史时期的服装结构造型都具备可归纳和概述的整体性特征，研究服装设计中的结构主义手法，首先需要对塑造这一整体特征的服装结构加以理解。而在笔者看来，其逻辑上较之于部分具有优先重要性的整体就是服装的造型或廓型，它是构成各个时期服装复杂整体的系统，是显示联结各部分构成要素之间的关系。

进一步探究下去，由于服装的面料如人类在平面造型阶段的服装那般，会自然因重力向下垂坠，并且因棉、麻、丝、毛等不同面料的重量、厚度、透明度、悬垂度和延展度的差异而与人体体态产生大不相同的贴靠关系。于是，为了获取某种整体性的统一造型外观，人类发明了通过一些其他材料、配件及制造技术来获得所追求的造型效果的途径——撑垫，当然它并非都是使服装超脱于人体的，也包含对于人体造型的收束。如图5-1所示，为现存的17世纪早期的紧身胸衣龙骨，这种胸衣支架的材料是铁质的，可以想见当时的女性穿着这样的服装会承受多大的痛苦，但为了达成某种造型上的时代审美要求，不惜牺牲女性的个体感受。据史料记载，有些紧身胸衣甚至可以达到令人生畏的32cm的腰围。

由此可见，服装设计中的结构主义设计手法的核心在于撑垫的运用，那么如果再将服装作为一个视觉符号系统，该系统内部各要素之间的关系同样也是相互联系、同时并存的，因此作为符号系统的服装也具有共时性的特征。那么，从服装发展的历史来看，其造型可以看作是在一个相互作用的系统内部诸结构要素共同作用影响下的变化，而这种变化形态形成的关键因素同样也在于各部分的撑垫关系。例如，为了形成一个钟形的撑裙造型，关键是需要有一个裙撑及其相应的面辅料结构。

可以说，在结构造型创意服装设计的领域来探讨结构主义的造型设计手法，就是指借助撑垫材料与工艺，并结合服装各部分的相应结构，塑造出服装局部或整体的收缩与膨胀，从而营造出服装结构造型不同体量感的设计手法。而如何运用好撑垫正是结构主义设计手法的关键所在。接下来，将以近现代女装中的撑垫历程简史为例，探讨撑垫这一手法之于结构造型的重要性。

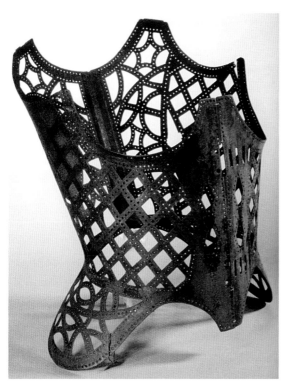

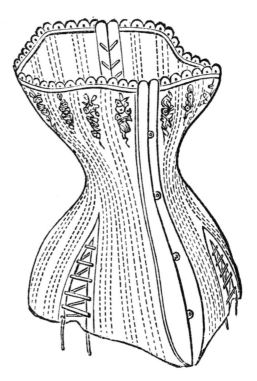

图5-1 17世纪早期的紧身胸衣龙骨实物照片

图5-2 维多利亚时期典型的紧身胸衣（1869年）

二、近现代女装中的撑垫与结构造型

（一）19世纪下半叶

在19世纪60年代，英国作为高度工业化的国家，逐渐达到了其财富的世界之巅。在1860~1880年，维多利亚（Victorian）女装大行其道。维多利亚时代的女性无论身处哪一个阶层，都会穿紧身胸衣（Corset）（图5-2）。即使是监狱、收容所和救济院，都会为身在其中的女性犯人和被收留者配备紧身胸衣。这些机构所提供的紧身胸衣代表着女性的自尊自爱、魅力，以及与其他公民同等的被认同感，甚至是"一系列有助身体健康的好处"。

据《女性之美》（Female Beauty）等期刊记载："女士总是抱怨，如果没有紧身胸衣，根本不能好好坐着，这让她们晚上睡觉时也不得不穿着它。"当时的社会对男性和女性站姿的要求让这种感觉更加突出。对于维多利亚人来说，放松的姿势反映了一个人邋遢的生活习惯和散漫的礼教态度。那些好看、成功、时尚、强壮的人往往都站得笔挺。在紧身胸衣的帮助下，站直和坐直都要简单得多。与此同时，当女裙被越来越厚重的鱼骨胸衣支撑的时候，裙身也被两层或三层的衬裙、裙箍、裙撑所撑垫（图5-3）。

至1865年，克里诺林（Crinoline，一种拘谨的衬裙结构）的样式退出历史舞台，转而被体量更加丰厚的裙撑所替代，而制作这种裙撑的材料就是马鬃、铁质鱼骨和白棉布。当时，男性和女性的社会角色是分明的。19世纪的女性被限制在她的生活方式的选择上：她应该是一位美丽的妻子或女儿，她应当是柔弱的、娇嫩的，并且弱不禁风的，是一些不太难以获得的"物件"，因为厚重的胸衣在物理上"弱化"了她们。如果女性不这么穿，就会被认为是品位低下的，因而她们也会坚持穿着紧身的蕾丝束胸，以至于有时会到呼吸困难的程度。

19世纪的最后10年间，时尚变更了，简洁的线条开始被视作为更加美观的，女性仍然穿着紧身胸衣，但厚重的裙撑被放弃了。爱德华时期（Edwardian），女性是以S型的曲线和大的胸撑为特征的，而束胸仍是必须穿着的，因为这一时期将一个完整的沙漏型（X型）视作唯美的形象（图5-4）。

图5-3 维多利亚时期女装裙撑造型插画

图5-4 爱德华时期女装裙撑造型插画

（二）20世纪初~30年代

到了20世纪初，爱德华时期的廓型很快又受到了保罗·波烈的挑战，他是第一个构建时尚帝国的服装设计师。他摒弃了生硬的铁质鱼骨束胸，使用更加柔软的材料，并借用了"帝政时期"的分割线而创造了垂顺的样式（图5-5）。

在20世纪20年代，女性放弃了束胸，转而穿着圆柱形的弹性胸衣来配合新的时尚廓型，在整个上身制造出连贯的廓型线条（图5-6）。

图5-5 保罗·波烈的设计手稿（1914年）

图5-6 20世纪20年代时装插图中的女性形象

这个时期被称为"女男孩"（La Garconne）时期，女装从身体形象和服饰装扮上否定自身的女性特征向男性看齐，剪掉长发，穿上短裙，以平胸和瘦弱为美；服饰呈管状造型，腰线下降，束以腰带，裙短至膝上；水手装开始流行起来，晚装似日常装。

紧接着的一个重要的时尚变迁，是因为受到了好莱坞电影工业的巨大影响。在19世纪30年代，胸部的撑垫又回到了潮流之中，女性选择了强调女性线条的较为柔软造型的衣物。这种新的造型是通过穿戴胸罩获得的（图5-7）。

到了20世纪30年代中期，束胸的衬裙和有小裙撑的晚装再次回归。皇家御用制衣者诺曼·哈特内尔（Norman Hartnell）是这场新维多利亚运动的关键人物。女装外形趋于纤细、修长，强调肩部和腰部；成熟优雅成为时尚潮流，以背部为设计重点，在晚礼服中，背

图5-7 20世纪30年代，好莱坞电影中的胸罩流行一时

图5-8 时装插画中的20世纪30年代潮流

图5-9 20世纪40年代迪奥的"新风貌"

部多采用宽而深的V形领口线，裸露面积很大。典型的20世纪30年代的打扮是：小型帽子、带有胸部装饰的毛衣、手套、手袋、紧身上衣、直身裙子的组合；腰部纤细配以腰带，衬衣胸部有夸张的装饰，翻领宽大，领线较低（图5-8）。

（三）20世纪40~50年代

1947年，在第二次世界大战末，克里斯汀·迪奥（Christian Dior）发布了其至今被奉为传奇的春季时装作品——不朽的"新风貌"（New Look）。事实上，这种风貌远不是新的，而是对19世纪小腰身和圆形裙的一种回顾。那时，人们都急切地想要摆脱战争年代那种深受物质定量配给影响的节俭样式，而对于面料的夸张使用，足够长的裙子，以及束腰的结构都看起来非常新颖与充满吸引力。为了获得迪奥战后的新样式，女性用束胸内衣来收腰，以及用特制的臀垫作为基垫物，强调一种鲜明的女性化造型（图5-9）。

（四）20世纪60~70年代

尽管20世纪50年代的时尚风格依旧优雅和女性化，但到了60年代，时装发生了天翻地覆的变化，巴黎不再是时尚中心，伦敦取而代之，那些曾经划分得清清楚楚的"正装""休闲装"品牌已经失去意义。时尚受到当时摇滚音乐的影响，而出现了更酷的造型，也变得更年轻了：明亮色彩、波普艺术、太空时代，以及合成纤维面料都是时髦的。英国伦敦卡纳比大街（Carnaby Street）和国王路（Kings Road）的时装店如雨后春笋般涌现，连披头士和滚石乐队也在那里买服装，街头时尚孕育了英伦独有的时尚风范，那就是在结构造型上的简洁、青春、离经叛道和朴实无华（图5-10）。

到了放纵的20世纪70年代，束身胸罩和衬裙已经只是出现在特殊的场合与晚装中，就像现在一样。束身衣不再被认为是女装必须的部分了，女性更愿意通过减肥和运动来塑造体型。

20世纪60年代的嬉皮时尚继续影响着70年代，"返璞归真，回到自然"是当时流行的口号，摩洛哥成为度假胜地，于是民族元素成为设计师们的重要灵感，印着自然花鸟鱼虫图案的多层次雪纺印花裙和雪纺套装一时间风靡起来。

最具有代表性的设计师是英国设计师奥斯·克拉克（Ossie Clark）和他的妻子塞拉·波特维尔（Celia Birtwell），轻盈飘逸的雪纺衫是他们的强项，精湛的斜裁技术让曳地长裙散发出女神光芒，女裤套装和喇叭裤也充满流畅洒脱的韵律感（图5-11）。

图5-10　20世纪60年代英伦风尚的造型　　图5-11　20世纪70年代飘逸自然的造型风格

（五）20世纪80~90年代

20世纪80年代是一个回归的年代，一个从动荡、反叛、挑衅回归到平稳、保守和安于现状的时期。和"摇曳的60年代""狂野的70年代"相比，80年代是回到正轨的，是从极端的探索转变为实际的时代。人们重新讲究享受，讲究个人事业的成功，讲究物质主义和消费主义，对比前20年的精神至上、意识形态主导的服装文化，20世纪80年代的确是一个巨大的转折。

20世纪80年代的人们似乎都在找回自我，宣扬人性。服装造型理念也受多方面影响而有了重大突破。许多另类、不合理元素被再次运用出现新的特质，国际化、成衣化、民族风更加明显（图5-12）。尤其在后现代主义的影响下，著名设计师们推出了风格各异的作品，在纷繁的社会中找到自己的位置。总而言之，进入80年代，时尚潮流变得更加错综复杂，流行的

图5-12　20世纪80年代的国际化和成衣化的　　图5-13　1990年麦当娜最为轰动的　　图5-14　引领20世纪90年代时尚
造型风格　　　　　　　　　　　　　　　　　"金发野心"世界巡演造型　　　　的凯特·摩丝造型风格

多元化一方面为追求时尚的群体提供了多种表现自我的可能，另一方面使人们对主流廓型的理解和把握变得更加困难，个性化成为设计师与消费者共同追求的目标。

如果说20世纪80年代还可以用华丽蓬松的体量、高耸垫肩的肩线、廓型硬朗的夹克，以及对国际名牌的痴迷等标签来归纳的话，那么到了20世纪90年代初期的造型则变得更加多样了。例如，让-保罗·高缇耶（Jean-Paul Gaultier）在1990年为麦当娜最轰动的"金发野心"世界巡演订制的圆锥文胸造型，同样也被香奈儿和迪奥所采纳（图5-13）。

与此同时，马克·雅可布（Marc Jacobs）和亚历山大·麦昆等设计师则开创了"垃圾摇滚"，并从街道造型元素中汲取灵感。超级名模凯特·摩丝（Kate Moss）带来了新一代的"流浪款"着装，她的别致造型引领潮流，每个人都想模仿摩丝的"太酷与关怀"风格。如图5-14所示，音乐与时尚联系紧密，粉丝们喜欢模仿音乐偶像的穿着风格，以摇滚风格、嘻哈风格为主，音乐赋予了时尚新的态度。再如，喇叭形牛仔裤曾是20世纪80年代每个人的首选牛仔造型，但到了90年代，阔腿设计占据了至高无上的地位。凡此种种，都在预示着服装造型的个性化和多元化，同时也预示着服装结构造型去主流化时代的来临，此后的整个21世纪正是这种态势的延续和强化。

从这170余年的近现代结构造型变迁来看，再结合服装结构造型设计发展的三个历史阶段可见，撑垫正是构成一切特征演变的根本所在。从19世纪下半叶的紧身胸衣、裙箍和裙撑，到胸撑、臀撑和衬裙，再到20世纪后的黏合衬、牵条和垫肩等，无论是形态明确的造型，还是去除性别特征的自然而然，皆是因为是否有撑垫及其造型变化而生，于是我们可以将衬垫视作为整体结构主义的原动力。下面介绍制造不同结构造型的撑垫材料。

三、撑垫的材料

可以用来作为撑垫的材料非常多，如网纱、衬垫、垫肩、骨架、衬布等相关材料，这些材料运用在服装的不同部位，用法、用量各有尺度。撑垫材料不仅可以应用在服装的内部，还可以被固定在服装的外表。

（一）网纱类

网纱类撑垫材料是一种开放的半透明材料，是迄今为止最古老的服用材料之一，可以由各种天然与人造的纤维制成。例如，丝绸、棉花、人造丝、锦纶、涤纶等，其质感可以是非常轻薄的，也可以被做成很硬、很厚重的。较好的网纱被称为绢网，有着六边形的结构（图5-15）。

网纱类材料没有纱向，但是横向较之纵向要更有宽容度，即可拉伸，记住这一点对裁剪网纱面料时是很有用的。在使用的时候要注意，网纱较容易撕裂，并且不会打卷，但是毛边触及皮肤会造成不舒适的感觉。为了避免这一点，需要用蕾丝或网纱来包边。

网纱是女装中应用较多的支撑材料，通常采用单层或多层抽褶手法用于衬裙中，用量要根据所需要的体量来确定，也可使用各种不同克重的网纱在服装下用于填充，如衬裙就是典型的填充裙。网纱不仅能用作撑垫的衬里，还善于在不增加重量的情况下提高服装的蓬松度，并且适用于蕾丝的贴花。正因如此，它不仅被用于服装的内层，还被用于增加服装的视觉效果（图5-16）。

此外，当我们需要某种体量和稳定感觉的时候，如欧根纱（透明或半透明的硬丝或合成纤维，与绢的感觉类似，但手感比绢光滑）、蝉翼纱（常用锦纶制成，有些是棉的）、粗棉布等都可以作为支撑其他面料的网纱类撑垫材料。

（二）充棉类

所谓充棉，并非特指充入天然或人造棉花的材料，也包含填充其他材料，是填料的统称，如鸭绒、鹅绒、太空棉、泡沫颗粒等各种材料，并随着材料科技的不断进步，

图5-15　有六边形结构的绢网

图5-16　综合运用网纱作为撑垫材料的创意服装设计作品

会有更多材料被应用于服装的充棉材料中。

　　传统的充棉多用于冬季所穿的棉衣中，后来被更为轻薄、保暖的羽绒等替代，成为冬季服装的常用充填物，而在结构造型创意服装的领域可以有更大的发挥空间。在内部的支撑，往往表现为位置的错移和体量的加大带来的夸张造型，在人体的不同部位支撑，以改变原有廓型，甚至人体的原有形态，形成新的、另类的人体形态及比例关系，很具前卫性。多年来，许多设计师以大胆而天才的裁剪和结构造型来运用充棉，从而改变了人体的外观造型。

　　例如，蒙克勒（Moncler Genius）的项目在2020年曾与华伦天奴的创意总监皮埃保洛·皮乔利（Pierpaolo Piccioli）展开过合作，带来了一个中世纪风格的优雅系列。2021年，双方再度携手打造了联名羽绒服礼裙系列。在图5-17所示中，皮埃保洛·皮乔利还邀请了他的朋友丽雅·凯贝德（Liya Kebede），将她的品牌lemlem中的设计模式和审美理念输入Moncler这一高级定制系列中。lemlem是一个可持续发展的埃塞俄比亚品牌，服装由埃塞俄比亚的手工艺裁缝制作，他们善于将传统图案应用于现代欧式服装中。

（三）垫片/块类

　　垫片／块类也能用来造型与创造体量，并于人体局部起到突出作用，如胸垫、肩垫和臀垫，以替代历史上更为繁复的胸撑和臀撑等。相较而言，垫片／块可以更加简便地制造出清晰的服装轮廓与造型。以垫肩为例，它几乎成为20世纪80年代的结构造型特征之一，而今它又成为时下流行的符号之一（图5-18）。

图5-17　蒙克勒与皮埃保洛·皮乔利和丽雅·凯贝德的联名设计创意礼服

图5-18　以垫肩为撑垫材料的服装成为时代和流行的造型特征之一

当然，垫片／块不仅是用来对经典部位的适当撑垫，还可以对其进行数量和体量上的极限处理，或将其运用在所有可能的部位，以通过改变某些局部或整体的造型来设计服装。例如，如图5-19所示的创意就是运用重复叠加的手法将肩部垫片夸张处理，从而形成与众不同的强烈效果。

如图5-20所示的创意服装作品中，设计师更加大胆地在头部、单边肩部和前衣摆处使用了垫片／块，从而突破了人体的固有形态。当然，在这件作品中还大量运用了另一类撑垫材料，即黏合衬类材料。

（四）黏合衬类

黏合衬类是主要用于支撑面料的辅料，并能增强其质感。黏合衬种类繁多，可以按用途、底布材质、涂层材料等进行区分。首先，黏合衬可以分为两种类型：一种是可熔性的（即熨烫型的），另一种是非熔性的（即缝制型的）。例如，在一件传统衬衫中，领部、袖克夫和门襟等处是必须烫衬的，而男士高级定制西装的前片则会缝上非熔性的帆布和绒布等材料，用于加厚前胸衣片的里衬（图5-21）。

在可熔性的黏合衬中可分为面料类和带子类。面料类有布质黏合衬和非织造黏合衬两种。布质黏合衬是以针织布或者机织布为底布，最常用的是机织布。布质黏合衬常用于作品主体或重要位置，有软硬之分，需酌情挑选。非织造黏合衬是以非织造布为底布，相对于布质黏合衬价格上比较占优势，但质量上略逊一筹。非织造黏合衬适用于一些边边角角位置，如开袋、锁扣眼等。非织造黏合衬有厚薄之分，其厚

图5-19　肩部垫片／块的重叠处理形成的创意服装

图5-20　在人体的不同部位进行垫片／块的创意设计作品

图5-21　男士西装所用的胸衬类衬垫材料

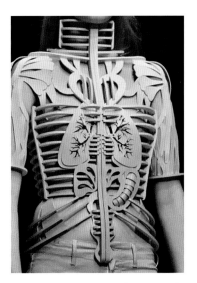

图5-22 使用硬衬进行结构造型的创意服装设计作品

图5-23 直接用鱼骨进行结构造型创意的服装设计作品

图5-24 以亚克力材料作为鱼骨而创意设计的服装作品

度会直接体现在所使用的位置，这可根据设计需求进行选择。带子类的性质和分类与面料类一致，主要用于强化局部尺寸的稳定性和强韧度，如领口、袖口、门襟和底边等处。

当然，上述介绍的都是在传统服装制作时使用的黏合衬类撑垫材料，而在进行结构造型创意服装设计时，还需要更有造型能力的支撑性硬质黏合衬，简称硬衬。这种黏合衬是可熔性的，质地硬挺，对于那些具有雕塑感的服装是非常有用的材料（图5-22）。

（五）鱼骨类

在前面曾简要介绍过鱼骨类撑垫材料，它们是16世纪的欧洲人开始制作不断扩大的衬裙所使用的骨架材料，其材料不仅是鲸鱼的鲸须，还包括金属丝、木条等，到现在又发展出了硬塑料材质的鱼骨。当今的设计师仍然使用着成熟的鱼骨技巧来支撑胸衣和衬裙，以此塑造服装的厚度与体量等，如在第三章的图3-20和图3-48中，都可以透过面料清晰地看到鱼骨的作用。

鱼骨类撑垫材料在创意服装中还可以直接被用来进行造型，如图5-23所示的案例中，设计师将鱼骨裸露于服装面料之外，用以抽象地表达童话般的超现实主题。

随着现代服用材料的发展，可以制作鱼骨的材料和工艺也更为多样。如图5-24所示，设计师使用了亚克力材料作为鱼骨，既轻便，且可塑性更强，由此创造出了类似人体骨骼和器官的结构造型，充满创意感。

除了以上所示的五类撑垫材料外，了解各种不同的家居装饰材料与窗帘制作也会很有帮助，这能使你获得更多不同撑垫材料和技术知识。而关于马术装备、鞋子或包袋制作方面的知识，也有助于我们了解撑垫，从而获得更多结构设计的创意服装。

总而言之，运用正确的撑垫结构是最具挑战性，也最有趣的结构造型创意服装设计的环节之一。深入了解和考察服装基本的撑垫材料与裁剪基础的发展历史，对于结构与造型的创意是非常重要的。而当今具有创造力的设计师们，通过运用这些传统技术与工艺，以及新型的材料和技艺，不断挑战着结构主义造型设计创意的可能。

思考与练习

● 理解近现代不同时期的撑垫造型特征，思考各种不同时期造型撑垫的手法，以及在服装创意设计中的应用可能性。

● 根据不同的撑垫材料类型，选择其中之一，进行系列的创意服装设计，每个系列3~5套服装，要求具备创意性和流行性。

第三节　结构主义造型设计手法的原则

　　回溯结构主义发展历程，这种研究与创作手法在后现代服装的发展和演变过程中具有重要的地位和作用。结构主义的服装设计风格经常表现为建筑主义或构成主义造型风格，通常以有限的肢体造型为基础，强调服装造型的立体感、扩张感、比例感与层次感，并具有极强的秩序感，充分反映了构建一种新的服装形态的追求和理念。

　　自13世纪哥特式风格以来，西方服装就形成了从人体体型出发、注重服装三维效果的适体塑形的结构主义服装风格特征，近现代西方服装设计师们的设计理念和手法都带有结构主义的痕迹。到了今天，服装设计中的结构主义已经不再是简约主义的代名词，更像是装饰主义和简约主义的兼容体，看似简单的款式结构下面蕴藏着丰富的细节变化，散发出低调的魅力。

　　图5-25所示的这款连衣裙，看似简洁干练，但在面料的选择上凸显了对比，而更精巧的是在肩部的设计，既有撑垫的结构，又有镂空的造型，并且与腹部的反光涂层PVC材料拼接又形成了一个对称的拱形，暗含女性腰腹和髋部的人体形态，大气内敛且时尚前卫。结构主义服装设计正是需要通过结构塑造一种新的人体与服装之间的关系。

　　"建筑感"是结构主义服装设计的又一大特点，因为结构主义者的设计理念如同建筑师在地面上建造房子一般，在人体上构建出服装的各种造型，在"建造"的时候通常可以将领、肩、胯等部位作为承载"服装建筑"结构的基础。如图5-26所示的创意设计作品，在人体的肩部和袖部搭建了数个连贯的三角锥（两侧各三个），犹如一栋未来主义的建筑一般，加之紧身连体衣和配饰的呼应而显得充满奇特的建筑效果。

　　除上述这些特征外，结构主义的造型设计手法还具备以下四点规律。

一、结构主义设计手法需要由人体出发

　　结构主义风格的服装结构是以人体为出发点的，设计者需要按照人的整体和局部曲线来设计、裁制服装，使之成为一个具有三维空间的、动态的软雕塑艺术体，要让穿着者从任何角度看都具有表现力和美感。

　　结构主义设计师在创意服装的时候，总会以人体为出发点，注重人体曲面的处理方法，通过省道、分割线、褶裥、撑垫等结构设计语言，赋予服装一种独立的三维立体形态，这种注重

图5-25　结构主义的服装设计风格具有含蓄而精巧的设计特点　　　　图5-26　结构主义的服装设计风格通常具有建筑感

精巧结构的服装能够达到塑造体型、美化人体外观的效果。

　　设计大师乔治·阿玛尼（Giorgio Armani）经常使用撑垫等方法，如支撑点在肩部，采用垫肩来塑造完美的肩型，强调和夸张腰臀曲线，线条流畅精准，在传统与创意之间找到了一个很好的平衡点，给服装以新颖感和块面感。*VOGUE* 对他的评价是："设计服装不拘一格，随意发挥，特别注重从身材的立体角度去设计，如同给一座建筑物进行包装那样。因此，所设计的服装能显示立体美。"

　　乔治·阿玛尼的创新结构对时装有着深远的影响，其特征是流畅的裁剪、奢华闪亮的面料，以及充满自信的样式，也是引领女装走向中性风的重要设计师之一。他在服装的结构造型上打破了阳刚与阴柔的界限，反对20世纪70年代女装过于千娇百媚的风格，主张拆除繁复的装饰，并在女士西装上打造出一种"不紧绷、但有线条"的新廓型，让女性在更自在的穿着里也能显现曼妙的体态（图5-27）。

　　由此可见，结构主义造型设计手法植根于服装设计三大影响因素中的人体形态要素，并对其再次改造。这种改造源于创新的思维和对面料与裁剪的熟练运用，最终目的是创造出更符合当下人们审美观的人体与服装整体形态。

图5-27 设计大师乔治·阿玛尼的女装作品   图5-28 亚历山大·麦昆的创意服装设计作品

二、结构主义设计手法强调内部结构线的理性化

　　结构主义风格服装的结构设计是理性的、节制的，符合板型优化的设计原则，其内部结构设计大多遵循着这样的原则：即通过平面的衣片去尽可能精确地符合人体曲面，运用省道分割线、褶裥等结构设计要素来达到收紧腰部、突出胸部和臀部的立体效果。

　　所有的省道、分割线和褶裥等都是按照与人体对应的位置来合理安排的，如省尖指向胸点，分割线尽量通过人体曲率最大处，褶裥一般位于腰间、袖山等处。出于结构合理化的考虑，衣片大致可以按照人体曲面的区域分成上身的前衣身、后衣身、袖片、领片，下身的裙片、裤前片、裤后片，表现出合理、严谨的对应关系。

　　以亚历山大·麦昆的作品为例。虽然他作品中的廓型结构比较丰富，充满天马行空的创意，极具戏剧性，而且常以狂野的方式表达情感力量、天然能量，以及浪漫而又决绝的现代感，具有很高的辨识度，但他始终能将两极元素融入一件作品之中，如柔弱与强力、传统与现代、严谨与变化等丰富的内涵。

　　在麦昆的服装结构中可以看到他对结构与剪裁的深刻理解，正是这种完全合乎数理规律的结构把控，才能让他自由挥洒创意。在图5-28所示的作品中，他把领部和肩部融合在一起，袖子与口袋也相互衔接，在传统的大衣结构和廓型上，全新的形态脱颖而出，这也正是其对内部结构线的理性掌控的结果。

　　总之，通过结构造型中的对比尺度、结构关系、分割比例及呼应效果的把握，表现出服装外轮廓和内结构的平衡与协调的设计理念。因而，采用结构主义设计手法来达到创意目的，往往要比解构主义的设计手法困难得多。

三、结构主义设计手法强调外观的对称均衡性和完成度

人体是对称的，从人体出发的结构设计通常也是对称的，或是均衡的。结构主义风格的典范是男式西装套装，通过历代设计师和结构专家的共同努力，其结构的审美已经程式化，很难进一步改变，整体外观呈现对称、均衡、完成度高的显著特点。因此需要在经典的基础之上再做改型设计，但仍要保留这一基本特征。

结构主义风格的服装，其结构设计可以简洁如香奈儿，巧妙如巴伦夏加，富于变化如迪奥，但一般都具备对称均衡和完整度良好的外观特征。

在新近的设计师中，汤姆·布朗（Thom Browne）无疑是又一位结构主义造型手法的魔术师。他尤其在男士西装的剪裁与合体度上独树一帜：裤装腰部无腰襻，而且总好像是小一号的样子，裸露出脚踝；上装的袖口总是短到将衬衫露出约1厘米，前襟总是3粒纽扣，窄领，侧边开衩——好像电影《魔戒》中"霍比特人"的服装，让人觉得时髦、新鲜又有趣。布朗设计的男士西装以炭灰色著称，搭配相同布料裁剪的领带，再用银色领带夹、白色衬衫、黑色皮鞋来完成全身搭配。结构造型在汤姆·布朗看来是极富个性化而且服务于穿着者自身的，他坚信时尚和风格来源于穿着者的内在，应该是非常自然的，而外形好似好莱坞大明星的布朗本人，正是自己男装的绝佳代言人。他以精细的做工、考究的剪裁和出位的剪裁设计，挑战古板的传统男装，让每天要穿正装的商务男士有了一个更自然、放松，更时髦、个性的新选择（图5-29）。

图5-29　汤姆·布朗的创意服装设计作品

运用结构主义风格设计的服装注重细节上的局部调整变化、精良的做工、高品质的面料，往往看似简单，但蕴含着丰富的变化。总而言之，结构主义设计手法在夸张的创意效果中始终很好地保留了外观的对称性、均衡性，以及极高的作品完成度。

四、结构主义设计手法强调服装结构的严谨性

结构主义的服装设计强调结构的严谨性，追求具有雕塑感的体型和严整的外观，有时甚至要牺牲结构处理的自由度和良好的运动机能性，以免显得过于拘谨。例如，设计师瓦伦蒂诺·加拉瓦尼（Valentino Garavani），这位以富丽华贵、美艳灼人的设计风格著称的世界服装设计大师，用他那与生俱来的艺术灵感，在缤纷的时尚界引领着贵族式的优雅风格，演绎着豪华、奢侈的现代生活方式。他的创意服装就是以

考究的工艺和经典的设计保持永恒的严谨性，受到追求十全十美的社会名流们的钟爱（图5-30）。

再以三宅一生（Issey Miyake）为例，他最初是将布料折叠成折纸状态的模样，展开后从二维变成了三维，这便是三宅一生设计的魅力。他对新颖服装结构设计的探索，被认为是20世纪70年代给西方时装界带来了翻天覆地的革命性力量。三宅一生于1971年展出自己的首个系列，他在设计中表现出的新观念、新创意，在当时故步自封的西方时装界引起了革命性的冲击，也因此为他之后的发展之路奠定了基础。"我一直认为是布料和身体之间的空间创造了服装，经过手工折叠，我们创造出一种全新的、不规则的起伏空间。"三宅一生在纪录片中这样描述自己的设计理念（图5-31）。

图5-30　瓦伦蒂诺·加拉瓦尼的创意服装设计作品

图5-31　三宅一生的创意服装设计作品

总之，本节所介绍的结构主义的诸多造型设计手法原则是基于结构主义发展至今的归纳与总结，其目的在于帮助读者加深对结构主义作为一种研究服装结构造型及其创作手法的理解，并通过勇敢的尝试，创造出不同于以往服装风貌的全新结构和造型。

思考与练习

◉ 理解结构主义创意造型设计的特征，思考如何使用各种不同的结构主义手法来进行服装创意设计？

◉ 根据结构主义的设计特征，进行系列创意服装设计，每个系列3~5套服装，要求具备创意性和流行性。

本章小结

　　本章围绕结构主义造型创意服装设计手法而展开，是对这种非常重要的设计方法论的集中阐释。首先，对结构主义作为一种研究方法的概念加以解释，强调如同任何一种文化运动一样，结构主义的影响与发展是很复杂的。同时对结构主义的历史进行了概述，从20世纪初开始，它来源于"体系论"和"结构论"的思想，强调从大的系统方面来研究它们的结构和规律性，从而推导出了结构主义的两大特征，即对整体性的强调和对共时性的强调。这就要求在运用结构主义进行创意服装设计的时候，设计者始终要对服装形态保持一种整体性的把控，并对服装的各组成部分形成共时性处理。

　　其次，本章由服装近现代历史的视角出发，凝练了服装结构造型演化进程中的核心手法，即撑垫，并认为服装造型可以看作是在一个相互作用的系统内部诸结构要素共同作用影响下的变化，而这种变化形态结果形成的关键因素同样也在于各部分的撑垫关系。因而，在结构造型创意服装设计的领域里探讨的结构主义造型设计手法，就是指借助撑垫材料与工艺，并结合服装各部分的相应结构，塑造出服装局部或整体的收缩与膨胀，从而营造出服装结构造型不同体量感的设计手法。接下来分别介绍了网纱类、充棉类、垫片/块类、黏合衬类、鱼骨类五种主要类型，并鼓励读者能够尝试使用更多的撑垫材料。总之，正确运用撑垫结构是最具挑战性、最有趣的结构造型创意服装设计环节之一。

　　在第三节，也是本章最重要的一节中，分析了结构主义造型设计手法的四项基本原则，一是需要由人体出发，植根于服装设计三大影响因素中的人体形态要素，并对其进行再次改造；二是强调内部结构线的理性化，通过结构造型中的对比尺度、结构关系、分割比例及呼应效果的把握，表现出服装外轮廓和内结构的平衡与协调的设计理念；三是强调外观的对称均衡性和完成度，做到在夸张的创意效果中始终很好地保留外观的对称均衡性，以及极高的作品完成度；四是强调服装结构的严谨性，结构主义设计师的一大风格特征就是严谨，他们为了追求具有雕塑感的体型和严整的外观，甚至会牺牲结构处理的自由度和良好的运动机能性。

　　一句话，结构主义的服装造型创意设计手法就是要在人体的基础上，通过理性的内部结构设计、均衡的外观处理、精妙的完成度和严谨的风格来创造出不同于以往服装风貌的全新结构和造型。

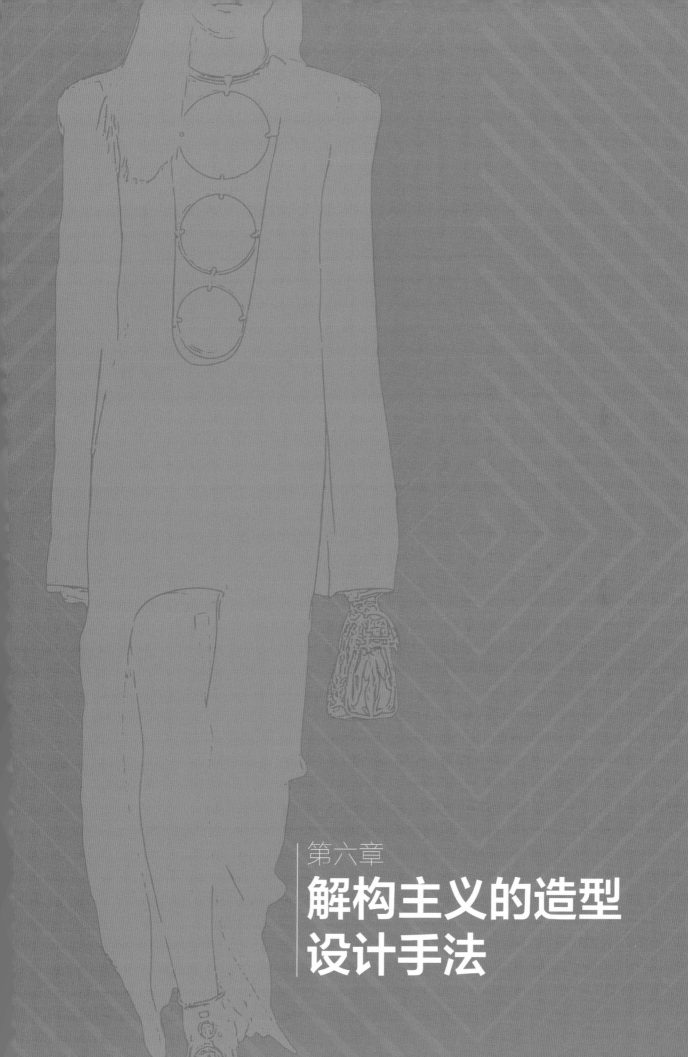

第六章

解构主义的造型
设计手法

第一节 解构主义的概念

一、解构主义是与结构主义的对立

第五章介绍了结构主义的设计方法之后，我们进而探讨一下另一个非常重要的结构造型创意设计方法——解构主义。解构主义作为一种时下非常兴盛的设计风格的探索，发起于20世纪80年代，但其哲学层面的渊源可以追溯到1967年。当时的一位法国哲学家雅克·德里达（Jacques Derrida，1930—2004）不满于西方几千年来贯穿至今的哲学思想，对那种传统的不容置疑的哲学信念发起挑战，对自柏拉图以来的西方形而上学的传统大加责难。他基于对语言学中的结构主义的批判，提出了"解构主义"的理论。他的核心理论是对结构本身的反感，认为符号本身已能够反映真实，对于单独个体的研究比对于整体结构的研究更重要（图6-1）。

图6-1 解构主义创始人法国哲学家雅克·德里达

在德里达的前辈马丁·海德格尔（Martin Heidegger）看来，西方的哲学历史即形而上学的历史，它的原型是将"存在"定为"在场"，借助于海德格尔的概念，德里达将此称作"在场的形而上学"。"在场的形而上学"意味着在万物背后都有一个根本原则，一个中心词语，一个支配性的力，"一个潜在的神或上帝"。这种终极的、真理的、第一性的东西构成了一系列的逻各斯（logos，即为符号），所有的人和物都拜倒在逻各斯门下，遵循逻各斯的运转逻辑，而逻各斯则是永恒不变的。它近似于"神的法律"，背离逻各斯就意味着走向谬误。

德里达及其他解构主义者攻击的主要目标正好是这种称之为"逻各斯中心主义"的思想传统。简言之，解构主义及解构主义者就是打破现有的单元化的秩序。当然，这秩序并不仅指社会秩序，除了包括既有的社会道德秩序、婚姻秩序、伦理道德规范之外，还包括个人意识上的秩序，如创作习惯、接受习惯、思维习惯和人的内心较抽象的文化底蕴积淀形成的无意识的民族性格。一言以蔽之，就是打破秩序，然后创造更为合理的秩序。

解构主义是对现代主义正统原则和标准批判地加以继承，运用现代主义的语汇，颠倒、重构各种既有语汇之间的关系，从逻辑上否定传统的基本设计原则（美学、力学、功能），由此产生新的意义。用分解的观念，强调打碎、叠加、重组，重视个体、部件本身，反对总体统一而创造出支离破碎和不确定感。

从本质而言，解构主义是在现代主义面临危机，而后现代主义却又被某些设计师们所厌恶时，作为后现代主义时期的探索形式之一而产生的。再从设计的意义上讲，解构主义与结构主义一样，仍然是运用科学的符号学原理来分析图像，剖析其视觉的、文化的以及语言的意义，再重新组织构建与之完全不同的视觉系统。

换句话说，解构主义并不是随心所欲的设计方法，而是具有重视内在结构因素和总体性考虑的特点。它打破了正统的结构主义和现代主义设计原则与形式，以新的面貌占据了未来的设计空间。在服装设计领域，解构主义设计方法也会出其不意，带给作品更奇妙、更富表现力的创意。

二、解构主义理念的深层含义

19世纪末，德国哲学家弗里德里希·威廉·尼采（Friedrich Wilhelm Nietzsche）宣称"上帝死了"，并要求"重估一切价值"。他的叛逆思想从此对西方产生了深远影响。作为一股质疑理性、颠覆传统的思潮，尼采哲学成为解构主义的思想渊源之一。另外两股启迪和滋养了解构主义的重要思想运动，分别是海德格尔的现象学以及欧洲左派批判理论。1968年，一场激进的学生运动席卷整个欧美资本主义世界。在法国，抗议运动被称作"五月风暴"。可悲的是，这场轰轰烈烈的革命昙花一现，转瞬即逝。在随之而来的"郁闷年代"里，激进学者难以压抑的革命激情被迫转向学术思想深层的拆解工作。不妨说，他们明知资本主义根深蒂固、难以撼动，却偏要去破坏瓦解它所依赖的强大发达的各种基础，从它的语言、信仰、机构、制度，直到学术规范与权力网络。

解构主义在此背景下应运而生。为了反对"形而上学""逻各斯中心"，乃至一切封闭僵硬的体系，解构运动大力宣扬"主体消散、意义延异、能指自由"。换言之，它强调语言和思想的自由嬉戏，哪怕这种自由仅仅是一曲"戴着镣铐的舞蹈"。除了它天生的叛逆品格，解构主义又是一种自相矛盾的理论。用德里达的话说，解构主义并非一种"在场"，而是一种"迹踪"。它难以限定，无形无踪，却又无时、无处不在。这就是说，解构主义一旦被定义，或被确定为是什么，它本身随之就会被解构掉。

德里达是20世纪后半期解构主义思潮的代表人物，也是哲学史上争议最大的人物之一。支持者认为他的理论有助于反对人类对理性的近乎偏执的崇拜，有助于打破"形而上"传统对真理、本体的僵化认识，有助于打破形形色色的压制差异和活力的权威与中心。反对者认为，既然德里达相信语言没有确定的意义，"真理只是人的臆造"，势必导致虚无主义和相对主义。德里达的理论确实充满了矛盾，也提供了多种解读的可能性，但要更充分地把握它的要义，就必须将它置于20世纪的历史语境乃至整个西方哲学传统中来考察。

解构主义的出现与20世纪人类在哲学、科学和社会领域发生的深刻变动密不可分。从哲学内部的发展看，从伊曼努尔·康德（Immanuel Kant）等人开始，就有从本体论转向的趋势。哲学家们越来越对人类把握宇宙本体的能力感到怀疑。康德虽然试图用先验的思维形式来弥合人的经验与物自身之间的鸿沟，但仍然充满了疑惑。19世纪的哲学家对"形而上"的问题更缺乏兴趣，占统治地位的是实证主义、实用主义和意志哲学。尼采重估一切价值和"超善恶"的姿态对传统哲学的冲击尤其剧烈。到了20世纪，"形而上"问题几乎从哲学中消失。现象学将本体问题悬置起来，更多的哲学流派则受语言学转向的影响，探讨的领域已经转到语言本身。当发轫于索绪尔的现代语言观通过结构主义运动渗透到人文科学的方方面面时，对结构的痴迷就在很大程度上取代了对真理的追寻。

也许耶鲁批评学派中的激进分子希利斯·米勒（J.Hillis Miller）在这一问题上阐述得更为形象一点。他说："解构一词使人觉得这种批评是把某种整体的东西分解为互不相干的碎片或零件的活动，使人联想到孩子拆卸他父亲的手表，将它还原为一堆无法重新组合的零件。一位解构主义者不是寄生虫，而是叛逆者。他是破坏西方'形而上学'机制，使之不能再修复的孩子。"德里达以《文字语言学》《声音与现象》《书写与差异》三部书的出版宣告解构主义的确立，形成以德里达、罗兰·巴特（Roland Barthes）、米歇尔·福柯（Michel Foucault）、保尔·德·曼（Paul de Man）等理论家为核心并互相呼应的解构主义思潮。解构主义直接对人类文化传播载体——语言，提出了挑战。

解构分析的主要方法是去看一个文本中的二元对立（例如，男性与女性），并且呈现出这两个"对立的面"，事实上是流动与不可能完全分离的，而非两个严格划分开来的类别。这些分类实际上不是以任何固定或绝对的形式存在着的。

解构主义在学术界与大众刊物中都极具争议性。在学术界中，它被指控为"虚无主义、寄生性太重，以及根本就很疯狂"。而在大众刊物中，它被当作是学术界已经完全与现实脱离的一个象征。尽管有这些争议存在，解构主义仍旧是一个当代哲学与文学批评理论里的主要力量之一。

三、解构主义在设计理论中的体现

解构主义设计理论的共同点是赋予设计对象以各种各样的可能性，而且与现代主义和结构主义显著的水平、垂直或这种简单集合形体的设计倾向相比，解构主义设计则运用相贯、偏心、反转、回转等手法，使设计具有不安定且富有运动感的形态的倾向。

解构主义最大的特点是反中心、反权威、反二元对抗、反非黑即白的理论。以建筑设计理论为例，德里达本人就对建筑非常感兴趣，他视建筑的目的是控制社会的沟通与交流。从广义来看，建筑的目的是要控制经济，因此，他认为，新的建筑——后现代的建筑，应该是要反对现代主义的垄断控制，反对现代主义的权威地位，反对把现代建筑和传统建筑对立起来的二元对抗方式。

世界著名的建筑评论家和设计师伯纳德·屈米（Bernard Tschumi）的看法与德里达非常相似，他也反对二元对抗论。屈米把德里达的解构主义理论引入建筑理论，他认为应该把许多存在的现代和传统的建筑因素重新构建利用，以更加宽容的、自由的、多元的方式来建构新的建筑理论构架。他是建筑设计理论上的解构主义最重要的人物，起到把德里达、巴休斯的语言学理论和哲学理论引申到后现代时期的设计理论中的作用（图6-2）。

另外一位对解构主义设计理论的发展起了重要作用的学者是彼得·埃森曼（Peter Eisenman）。他认为无

图6-2　最早将解构主义引入建筑设计理论的瑞士设计师伯纳德·屈米和他的"建筑：概念与记号"展

论是在理论上，还是在建筑设计实践上，建筑仅仅是"文章本体"，需要其他的因素，如语法、语义、语音这些因素才能使之具有意义。他是解构主义建筑理论的重要奠基人，与德里达长期保持联系。大量的书信往来，加深了解构主义在他的设计理论中的发展，由此奠定了重要的应用基础。他们所研究的中心意义是如何通过建筑构件之间的关系，通过符号来传达设计理念。他们认为，如果不是通过解构主义，那么后现代主义的理论意义是根本没有可能完全充分表达的。因此，他们对于理论研究以及评论在建筑发展中的作用表示怀疑。

　　解构主义设计理论的中心内容之一就是建筑的主要问题是意义的表达，而表达意义的建筑有时候是不可信赖的，有时候是会误解、误译的。因此，建筑传达的意义并不可靠，一个符号有时候会传达出多个意义。这样，建筑家如何能够使他所希望传达的意义表现出来，如何能够代表社会表达意义呢？根据后结构主义语言学的研究，语言是不可靠的，那么如何建立所谓的"建筑语言"呢？对于历史的态度，对于历史建筑的立场，由于语言的不可靠性，也出现了问题，那么在建筑中有什么是真正可靠且可以传达意义的呢？这一系列问题，都是解构主义建筑家经常考虑的。

　　总之，解构主义是在以结构主义为核心的现代主义设计理论面临危机，而后现代主义一方面被某些设计师所厌恶，另一方面又被商业主义所滥用，而没有办法对控制设计界三四十年之久的现代主义风格——国际主义起到取而代之的作用时，作为一个后现代时期的设计探索形式之一而产生的。这种设计理论在建筑设计上最先开始、最重要的代表人物是弗兰克·盖里（Frank Gehry），他被认为是世界上第一个解构主义的建筑设计家（图6-3）。此后再发展到艺术设计的所有领域。

图6-3　解构主义建筑典范——毕尔巴鄂古根海姆博物馆（弗兰克·盖里设计）

与此同时，我们也必须看到，解构主义设计理论所运用的逻辑、方法与理论，大多是从"形而上学"传统中借用的。如此看来，解构主义不过是一种典型的权宜之计，或是一种"以己之矛，攻己之盾"的对抗策略。

四、解构主义的特征

解构主义哲学思想观念的两大基本特征分别是开放性和无终止性。解构一句话、一个命题、一种传统信念，就是通过对其中修辞方法的分析，来破坏它所声称的哲学基础和它所依赖的等级对立。

其一，解构主义的开放性特征。解构主义脱胎于结构主义。解构主义者认为，结构主义理论仍未摆脱传统的形而上学，因而有必要对后者进行扬弃。20世纪物理学的突破也对人类思维产生了深刻影响。传统哲学是建立在一种"客观观察者"的假定前提基础上的，即假定有一个观察者（人的理性或者"神"）能够从世界外部"客观"地观察，这种观察活动不会对世界施加任何影响。哲学家们相信存在客观的、超时空的、确定的真理，正是由此而来的。量子力学的出现粉碎了这种虚拟的客观性。量子力学的测不准原理表明，作为观测者的人或者仪器在观测对象的同时已经干预并改变了对象的存在状态，客观的测量是不存在的，主观和客观其实是不可分的，它们之间的区别只是概念上的区别。传统哲学还认为，宇宙是遵循拉普拉斯决定论的，因而从理论上讲可以一劳永逸地找到支配世界的原则或真理。量子力学和混沌理论否定了这一观念。在微观粒子领域，发挥作用的是概率决定论，每一次具体的结果都是不可预测的。混沌理论指出，很多系统具有对初始条件的极端敏感性，初始条件的细微差异都将导致天壤之别的结果。另外，传统哲学把物质、时间和空间看成实体，但相对论却指出，时间和空间只是物质的属性，物质又等价于能量。因此，作为实体的物质不存在，相对论用"事件"代替了"物质"。总之，20世纪物理学的基本走向就是关系取代了实体。德里达用无形的"踪迹"取代有形的"符号"，用"文本间性"打破了封闭的文本，与物理学的走向是一致的。由此可见，解构主义思想是开放的，不存在一个确定的边界，具有相对性特征。

其二，解构主义的无终止性特征。德里达曾指出，解构主义并不是要取代结构主义或者形而上传统，也取代不了。因此，对待解构主义的最好态度不是把它当作教条，而是把它当作一种反观传统和人类文明的意识。解构主义反对权威，反对对理性的崇拜，反对二元对抗的狭隘思维，认为既然差异无处不在，就应该以多元的开放心态去容纳。在对待传统的问题上，解构主义也并非像一些人认为的那样，是一种砸烂一切的学说。恰恰相反，解构主义相信传统是无法砸烂的，后人应该不断地用新的眼光去解读。不仅如此，即使承认世界上没有真理，也并不妨碍每个人按照自己的阐释确定自己的理想。解构主义是一种"道"，一种世界观层次的认识，而不是一种"器"，一种操作的原则。所以，把解构主义作为文本分析策略的耶鲁学派最终走入了一条死胡同，而解构主义作为一种意识却渗透到很多自认为绕过了解构主义的思潮和流派里，如女权主义、后殖民主义等。于是可以说，解构主义研究方法或者思路对于结果而言是没有尽头的，是可以被不断否定和反对的，从而产生新的形态，因而具有无终止的特征。

当然，如同结构主义一样，作为研究方法的解构主义不仅被应用于哲学、道德、语言、文化等学科领域，也对此后的其他人文科学和社会科学产生了深远的影响，其中包括艺术设计学，第二节将让我们进一步了解在服装设计中的解构主义表现手法。

思考与练习

● 理解解构主义的理论要点及其发展历程，并对其中一位学者的观点进行描述。
● 思考如何运用解构主义思想和研究方法来进行服装创意设计。

第二节　解构主义创意服装设计的代表人物

　　结构主义的服装设计及其评价都是以人为主体，围绕人的体型、人的活动空间、人的生活方式及社会属性等，而从解构主义视角来设计服装，似乎服装的设计完全脱离了人体本身结构，裁剪上不再循规蹈矩，更具随意性。当许多极富创意的服装设计大师试图颠覆服装的视觉语言，带给人们更多的感官刺激时，解构主义设计便开启了成就之门。他们打破原有服装的构成结构，再造出新的似乎结构出问题的服装，或是对某些部位进行非常规的改造，通过设计师巧妙的手法做出新的结构、新的整体性才是理想的解构服装。以下我们先来领略那些解构主义服装设计大师的作品，并对他们的设计理念加以解析。

一、高田贤三（Takada Kenzo）

　　最早解构西方顽固的服装传统结构的解构主义服装设计师是20世纪70年代到巴黎发展的日本设计师高田贤三，他们以东方人的思维创造了身体和服装之间的新空间。高田贤三到巴黎后，观察西方的服装，都做得非常合体，做工和裁剪无可挑剔，充分表现出女性立体的曲线美，这正是塑造优雅的巴黎高级女装的规范。这种衣服的造型设计、材料选择、色彩搭配，甚至连着装方式都形成了一系列完整的传统审美样式，而这些正是当时女性想要摒弃的。女性追求在服装上得到释放的感觉，不想被束缚、被紧盯不放。而高田贤三大量使用和服的造型结构和面料，采用平面直线式裁剪，吸收中国、印度、非洲、南美等其他国家和地域的民族服饰精髓，从而形成宽松、舒适、无束缚感的独特风格，引领了20世纪70年代服装的宽松式潮流。

　　高田贤三是第一位采用传统和服式的直身剪裁技巧，不需打褶，不用硬质材料，却又能保持衣服挺直外形的时装设计师。他说："通过我的衣服，我在表达一种自由的精神，而这种精神，用衣服来说就是简单、愉快和轻巧。"他的作品中承载着各国绚烂夺目的民族之光，等待人们去发掘，尤其是对于东方瑰丽而神秘色彩的偏爱，使他能够将不同的民族特色融合在一起（图6-4）。

　　2020年，在一场流行病中，81岁高龄仍不辍工作的高田贤三不幸染疫离世，这不得不说是服装设计界的一大损失。然而，其所开创的将东西方服饰文化之间的对立二元性消融的境界，无疑是解构主义设计风格的典范（图6-5）。

图6-4 高田贤三在20世纪的创意服装设计作品中充溢着对西方结构的解构

图6-5 高田贤三在21世纪的创意服装设计作品中保留着东西方服饰文化之对立二元性的消融特征

二、川久保玲（Rei Kawakubo）

继高田贤三之后，执解构主义大旗的又一位日本设计师是川久保玲。1973年，她在东京建立了自己的公司，并向世界展示了一种革命性的新型穿衣方式。20世纪80年代前期，她以不对称、曲面状的前卫服饰闻名全球，受到许多时尚界人士的喜爱，从那时开始，她就一直在为实验而奋斗，永远创造着比时装界流行超前得多的原型和创意服装结构。

川久保玲的解构设计风格十分前卫，与她的前辈一样融合了东西方的概念，被服装界誉为"另类设计师"。她的设计正如其名——独立、有主见。她将日本典雅沉静的传统、立体的几何模式、不对称重叠式的创新剪裁，加上利落的线条与沉郁的色调，与创意结合，呈现出意识形态的美感。川久保玲是一个特殊的例外，她既没有借鉴别人的模式，也没有经过正统的训练，但在日本东京的本土上，她做出的又绝不是纯民族的设计。

川久保玲的意识已经远远超过了当时堪称前卫的美国，以及朋克发源地的英国。她的看似古怪的思想，实际上是非常深刻的。所以才会在20年后大放异彩，受到年轻一代时装设计师们的崇拜，去学习解构，去寻求自信。如图6-6所示，她是时装界确实的创造者—— 一位具有真实的原创观念的时装设计师，凭借她的创新意识，在最近的几十年席卷全球。

在一个系列的探索中，模特身上的衣服，几乎与体型反其道而行之，川久保玲甚至为她们赋予新的"肉体"——从头到脚的夸张"肿块"。透过衣服，这些凸起仿佛潜藏在肌肤之

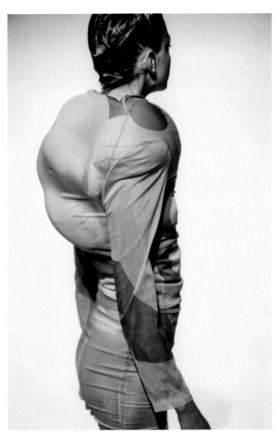

图6-6 川久保玲的解构主义创意服装设计作品　　　　　　图6-7 川久保玲的解构主义创意服装设计作品

下。川久保玲本人是这样说的:"在探寻时装灵感间,我意识到,衣服可以成为身体一部分,而身体之于衣服亦然。"这场实验正是对解构主义的绝佳阐释,即服装与人体之间的边界消融(图6-7)。

三、马丁·马吉拉 (Martin Margiela)

出生于比利时、成名于巴黎的著名设计师马丁·马吉拉,别号解构怪才、解构主义大师。他曾担任爱马仕 (Hermès) 的创意总监,虽然很低调,却仍然饱受媒体赞誉,使他成为罕有的从不在媒体露面却声名鹊起的著名时装设计大师。

艾利森·吉尔(Alison Gill)最先将马吉拉的服装描述成"解构的时尚",认为这是一种"具有影响力的法国风格",表现了哲学思想与解构主义。圈内甚至有人认为,当今世界上有一半的时装设计灵感,都来自这个"时代的缔造者"。担任爱马仕女装总监那几年,马吉拉一手奠定了爱马仕女装"大道至简"的品牌基因。在《爱马仕年度杂志》(The Hermès Years)里,马吉拉被形容成"Margiela's skill was to make the ordinary extraordinary"(马吉拉的技巧让平凡不平凡)。

马丁·马吉拉自立门户以后,透过其品牌马吉拉之家(Maison Margiela)的系列作品,我们不难发现这位设计大师有着无穷无尽的想象力。他锐利的目光能够看穿衣服的构造及布料的特性,如把长袍解构并改造成短外套,以大量抓破了的旧袜子改造成一件毛衣。立体的剪裁、平面的装饰线条、不对称的拼接，他善于采用不对称的袖子设计，而不规则的结构造型设计更强调它跟身体的贴合程度和对身体的表现程度，从而表现出个性、时尚、艺术、现代的张扬之美。

在马丁·马吉拉带着1989年春夏系列"The Show Collection For Women"初次登台后，时至今日，我们都很难再找到一场像其那样如此特立独行且改变了时装圈游戏规则的时装秀。这场秀在巴黎的一个荒地上进行，在模特走秀的过程中，附近的居民小孩可以随意穿梭于秀场中。这种表现形式的意义远超于一场时装秀，而更像是一场"时装实验"。在这里也诞生了第一件圆肩西装和第一双日式厚底短袜。此后，对纯白色调的挚爱、超大板型的服装设计、非传统的面料应用、暴露在外的接缝，以及凹凸的印花细节等，马丁·马吉拉的设计超越着一般意义上的解构主义隐喻。当品牌20周年系列落幕之后，他宣布离开。时尚界记住了马丁·马吉拉对衣物、对设计倾注的情感，也记住了他对奢侈的定义与对时尚的"背离"（图6-8）。

1997年的时装秀，是马吉拉最著名的时装秀之一，也是他眼中的解构主义的真实诠释。他用人台外层的布料制成马甲，线头与缝褶都暴露在外，面料上保留原始的"Stockman"和"Semi-couture"等字样，打板时在面料上留下的辅助线条也没有擦除，模特就穿着这样的马甲走上了T台，这在20世纪前可谓创举（图6-9）!

在马吉拉的T台上没有超模，相反，模特的脸往往被薄纱或面具所围裹，看不清面目，从而迫使人们把注意力放回设计上，好像"模特"只是混杂在人群中，只不过恰好穿了马丁·马吉拉的衣服而已。甚至连模特也可以不要，仅仅就是一些与真人等高的木偶，于是又将时装带往"终极身体"的另一个极端。但与持类似理念的前卫设计师不同，时装在马丁·马吉拉那里，并不携带明日的幻梦，反沦于日常。他的衣服最早连标签都没有，直到客人反映他们不知道衣服的品牌，他才勉为其难地缝个标签上去。但他的初衷却是能让客人快速剪掉无聊的标签，所以只用白棉线粗糙地稍加固定。结果，这4条白棉线反而成就了马丁·马吉拉的独特标

图6-8　马丁·马吉拉于1989年时装秀中的解构主义创意服装设计作品

图6-9　马丁·马吉拉于1997年时装秀中的解构主义创意服装设计作品

识（图6-10）。

虽然随着马吉拉离开他自己的品牌，属于他的时代也已经谢幕，但留下的温柔与暴烈，是解构深处的冲突及和解，至今影响深远。

四、侯塞因·卡拉扬（Hussein Chalayan）

在解构服装的传统结构时，设计师也会创造出一些与以往不同的裁剪构成方式。例如，侯塞因·卡拉扬的衣服的肩部、领子、衣身、内衣都是一体的，是通过一块面料的曲曲折折、自然形成了领子的造型、肩的造型、内衣的造型。服装的结构做得如此颠覆、如此彻底，堪称绝妙之笔。《时代》（*TIME*）杂志的时装编辑劳伦·戈尔德施泰因（Lauren Goldstein）评价卡拉扬说："他开拓别人所不涉及的领域，相对于时尚，他选择务实，相对于奢华，他选择设计。"

侯塞因·卡拉扬是传统服装材料解构与新材料开发的设计师代表。他对传统素材、人工合成材料、塑料材质、金属、木质等进行解构和重新组合。他的设计并不植根于历史、街头、神话，而是体现了对未来意象和未来的思索。例如，

图6-10　马丁·马吉拉品牌如今仍然保持着解构主义的独特风格

2000年的秋冬时装周上，卡拉扬创作了"游走的家具"系列，行动和转变在卡拉扬这个系列中扮演了重要角色。在秀场的舞台上，摆放着木质家具，宛如一个普通人家的客厅模样，模特穿着简单的服饰依次走出并进入客厅，就像去朋友家中参加派对一样。四位模特把沙发套从椅子上拿下来，抖了抖，在解构与重组后将其变成晚礼服穿在身上，然后将沙发底架折叠，变成行李箱，随后她们提起各自的行李箱离开现场。最后一位模特走入茶几中间的洞中，把茶几像伸缩裙一样拉了起来穿在身上后离开。这个重组后"可被穿走的家具"无论从材质还是其理念，完全超越了传统服装的概念（图6-11）。

卡拉扬曾说："之所以决定做时尚行业，是因为我觉得由人体延伸出的相关事物令我格外兴奋。很多东西一旦和身体联系到一起，总会使我感兴趣。可能是因为身体赋予了万物生命，使万物变得有意义。一座建筑物如果没有了形体就没有意义，对于衣服、汽车也是如此。同时，我感到许多文化符号都是以身体为基础，是身体的放大。纵使设计一座房屋或一辆汽车，整个系统就好比身体一样有中心区域和其他附属物，这也说明了我们在下意识地延伸、扩大身体。我们常常会说自己的身体被外物所改变，身体与器物之间长期处于一种相互分离、各自独立的关系中，因而我们自然而然会觉得衣服仅仅就是一个物品，无感情，状态固定，没有任何情感联系的必要。"由他的自述中，我们可以理解到，即使是最前卫的解构主义大师，都仍然是基于人体而进行的改造和创作。

2007年，卡拉扬发布了名为"Video Dress"概念的服装系列，模特从一片黑暗中走出，身体隐于阴影之中，只能看到身上所穿着的发光的裙子。外层面料下的上万只LED（发光二极管）灯在裙子上显现

图6-11 侯塞因·卡拉扬在2000年秋冬时装周上的解构主义创意服装设计作品

出朦胧的图案,在图案与面料之间有着一个美妙的空间距离,使光在走动时随着身体摇曳,有一种流动的美,就像光在和身体相互追随。这些光就像是人们内心的丰富多彩,在具象身体渐渐隐于暗处时,内在的光芒就会无比耀眼,人们会不由自主地看向来自内心的世界。这个春夏系列的作品,在A型裙中还暗藏了自动机械装置,结合LED技术制成的梦幻连衣裙,充满了诗意的气息,不仅在材质上突破了传统服装材料的应用,还引起了人们对于未来服装可能性的展望(图6-12)。

卡拉扬习惯于使用科技、建筑、音乐、肢体等多种跨学科形式来模糊身体与服装的界限。2016年卡拉扬与施华洛世奇合作的"可溶性衣服",在探讨服装与身体的同时加入了时间、变化,以及生命过程的呈现。灯光聚集于T台正中的两名白衣模特,头顶的水柱开启,白色套装被水逐渐溶解。转瞬间,原本的服装变得如纸巾般脆弱,在水流冲刷下一寸一寸碎裂、落

图6-12　侯塞因·卡拉扬在2007年发布的"Video Dress"概念系列解构主义创意服装设计作品

图6-13　2016年卡拉扬与施华洛世奇合作的"可溶性衣服"系列

下，于水中分解、消散，这极具破碎之美的变化之后露出的是里层服装上由施华洛世奇水晶缝缀的图案（图6-13）。

本节介绍的四位以解构主义设计理念著称的服装设计大师仅是走在这股风格潮流中的前辈，而在当下持解构主义创意手法进行创作的设计师和品牌多如璀璨星辰，而每一位设计师及其品牌又都有着各自全然不同的解构手法。就如解构主义本身的特性一般，它本就是开放的，同样也是无终止的。正因如此，解构主义必然成为以永恒变化为核心的时尚产业创意要旨。

 思考与练习

◉ 理解现代解构主义设计大师的作品，思考他们不同的设计手法，以及在服装创意设计中的应用可能性。
◉ 收集当下以解构主义为结构造型创意服装设计理念的设计师及其品牌，列举至少5个案例，并对他们的作品进行评述。

第三节　解构主义造型设计的手法和原则

解构主义的服装造型手法仍然是从服装结构造型本身的规律出发，没有对结构的理解也就不会设计出符合人体造型美学的作品。解构主义服装貌似破旧、怪诞，但它还是以人体为支撑所做的创意服装。

解构主义的造型手法和传统造型的手法会有所不同，它是对原有的造型模式的改造，即对原有的结构造型进行不同视角的思考，巧妙地改变或者转移原有的结构，并力求避免常见、完整、对称的结构，在着装的人体上显示出更加丰富的自由曲面形态和动态线条。

对于服装结构的解构，从审美意义上来说，是在追求打破惯性思维模式下的程式化、呆板化的形式美法则，再造新奇、前卫、与众不同的美感。虽然这种手法有着无限的可能性，无迹可循，但还是可以总结出一些设计手法的原则，以帮助读者深刻把握。

一、分离错位法及原则

分离错位法，指将原有的固定造型分割支离，然后组合成新的造型。分离时，对基本的造型单位分离出来形成一定距离，呈分散游离状态。可以把分离好的全部单位组成新造型，也可除去不需要的部分组合。

在图6-14所示的设计案例中，两件不同款式结构的服装被彻底分割和支离，一件是中长款大翻领风衣，另一件是修身飞行夹克。将两件上装重构并以新的造型样式呈现在观众面前，而且与领子部分的多层重叠设计有机地结合成为一体，具有一种繁复性和革命性的解构特质。

而在图6-15所示的案例中，则相对要含蓄很多，设计师将传统结构的西装和衬衫的造型与穿搭方式进行解构。衬衫领子和上半部分被分离出来，右半身仍然保留在西装内，而将左半身延展到西装外，并形成类似背心的造型，精巧而新颖，衬衫余下的部分也同样进行了处理，成为类似抹胸的造型，从而构成了一套解构主义的典型范例。

通过上述两个案例可见，在运用分离错位方法的时候，需要把握好分离后各部分重组时的结构合理化的原则，也就是说要让打散后的造型重新形成一个完整而又出乎意料的形态，并且不能显得支离破碎。

二、扭转交错法及原则

扭转交错法，指将原有或传统的造型做一定角度的扭动、旋转得到新的造型。可以一点或一条边缘尝试一次，或是多次地扭转，由局部的扭转所形成的自然褶线与分割线进行巧妙组合，或是对针织弹力衫穿着方向的改变，从而形成服装特有的趣味性。

例如，在图6-16所示的解构主义设计案例中，设计师将针织类服装相应的各部分位置进行了扭转与交错，尤其是领部和裙身，从

图6-14　分离错位的解构主义创意服装设计案例1

图6-15　分离错位的解构主义创意服装设计案例2

而形成了类似套头披肩以及上衣下穿的结构形态，裙身上的领圈罗纹显得特别独特。

　　20世纪20年代，法国设计师玛德琳·维奥内（Madeleine Vionnet）发明了斜裁。她运用面料斜纹中的弹性拉力，进行斜向的交叉，也有人称这种服装为"手帕衣服"。维奥内经常运用菱形、三角形结合后做成裙下摆。她的服装造型不需要任何纽扣、别针或其他系结物，仅利用面料斜纹的伸张力，便能容易地穿脱。这样的设计在当时自然、适体、独特，可以动人地表现出人体曲线（图6-17）。

图6-16　扭转交错的解构主义创意服装设计案例

图6-17　20世纪20年代法国设计师维奥内的斜裁结构设计

　　如果说100年前的斜裁具有某种解构主义意味的话，那么如今很多设计师都对此非常擅长，并通过更大胆地扭转交错服装获得了令他们满意的视觉追求（图6-18）。

　　以扭转交错法进行解构主义创意服装设计时，务必把握好旋转和错位的原则，也就是说，要将原本规则的结构进行扭转，使之看上去不再常规，而扭转以后的各部分也将处于非同寻常的位置，以期达到出人意料的解构效果（图6-19）。

三、转移功用法及原则

　　应用局部转移或将其他物体形象转移到服装造型上，在服装上应用分割线的设计，或是局部组合的方式，这样得出的造型结构具有别样美感，令人淡化了服装的穿着功用，而更关注其

图6-18 迪奥品牌的解构设计作品

图6-19 以扭转交错法进行的解构主义创意服装设计

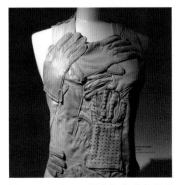

图6-20 马丁·马吉拉将手套通过转移功用法改造成创意服装作品

图6-21 马丁·马吉拉将皮具通过转移功用法改造成创意服装作品

附加的并置服装的功能与造型。例如，嵌入柔性屏幕使服装成为移动的视频广告载体、网络终端，甚至服装转瞬之间成为旅行袋、警示灯、气垫等用品。

例如，马丁·马吉拉曾经设计了由手套、皮具、瓷器通过转移功用的手法改造成为一件创意服装作品（图6-20、图6-21）。

又如新秀设计师克雷格·格林（Craig Green），他设计的服装通常是编织、缝制、折叠或绑在穿着者身上的，就像雕塑一样。即使在展示简单、流线型的工作服时，格林也会在T台展示和活动中融入三维元素，以满足他的解构主义梦想。他的服装设计通常很奇特，但很有诱惑力，有时还会发现模特们有自己的霓虹灯廓型，或被类似于便携式撑杆的超现实的木头和织物结构所遮蔽，又立刻变成便携的帐篷、睡袋、充气床垫等（图6-22、图6-23）。

通过上述案例分析我们可以看到，转移功用法的原则在于大胆地将日常生活中的非服装类物件，通过合理化的结构植入服装的造型中，并由此体现出服装与其他物件共生共存的解构主义理念。

四、反复折叠法及原则

反复折叠法，指将面料进行多种手法和多次折叠处理，形成服装表面多层次的立体化，折后的面料有死褶、活褶之分。活褶灵活、立体感好、有机能性，死褶稳定、有装饰性。折叠是改变原有服装基础造型，并让其具有解构主义风格的又一主要手法。

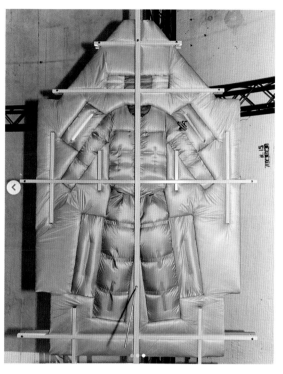

图6-22 克雷格·格林将服装与帐篷结合并转移功用的创意服装设计作品

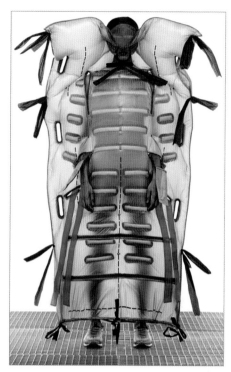

图6-23 克雷格·格林将服装与充气床垫结合并转移功用的创意服装设计作品

　　无论是衣服的领、袖、肩、衣片，还是帽子等配饰，都可以通过折叠一体化的方式完成。设计手法上对于面料要寻求完整性，即不破坏的手法。在折叠中自由随意、变换曲折的设计常常会产生意想不到的视觉效果。在面料上如此设计也会增添服装的层次感，结构的丰富层次会给人不寻常的外观。

　　例如，山本耀司（Yohji Yamamoto）非常善用反复折叠法，他以简洁而富有韵味、线条流畅、反时尚的解构设计风格而著称。与许多日本服装设计师一样，他也把西方式的建筑风格设计与日本服饰传统结合起来，使服装不仅是躯体的覆盖物，而是成为着装者、身体与设计师精神意韵交流的纽带。在图6-24所示的作品中，他将自由欢快的活褶融入精巧的剪裁和面料之中，使处于截然不同体系内的两个概念处理得如此优雅，既塑造了立体感，又产生了行云流水的感觉。

图6-24 山本耀司用反复折叠法创作的解构主义服装作品

再如，设计师维克托·霍斯廷（Viktor Horsting）和罗尔夫·斯诺伦（Rolf Snoeren）因就读于荷兰的阿纳姆艺术学院（Arnhem Academy of Art）时装设计系而相识。由于两人的作风均自由大胆，在1992年毕业时便萌生了合作之意。其后，两人终于组成名为Viktor & Rolf的品牌，主力推出高级女装的创意系列。他们在反复折叠面料堆积的手法运用上更为夸张，往往能够塑造出强烈的解构主义造型和意味（图6-25、图6-26）。正如他们所说："我们在时尚圈的角色大概就是在保护创作的自由，坚持纯粹的表达。"

运用反复折叠堆积面料的手法时，要把握创造出非同一般造型的设计原则，也就是要追求塑造未曾出现过的形态。因为折叠结构是服装有史以来就有的，所以在造型的时候特别需要别出心裁，符合前所未见的原则就显得尤为重要了。

综上所述，本节所介绍的四种解构主义造型设计手法及其原则，仅仅是解构主义诸多造型设计手法中比较有代表性的，其目的在于帮助读者加深对解构主义作为一种前沿服装结构造型及其创作手法的理解。作为设计师完全可以通过自身大胆勇敢的尝试，创造出不同于以往的、令人印象深刻的创意服装设计作品。毕竟解构主义的要义在于重新组织构建与传统和经典完全不同的视觉系统。

图6-25　维克托·霍斯廷运用反复折叠面料堆积的手法设计的创意服装作品1

图6-26　维克托·霍斯廷运用反复折叠面料堆积的手法设计的创意服装作品2

 思考与练习

- 理解各种服装结构的解构主义设计手法，思考如何使用各种不同的解构主义手法来进行服装创意设计。
- 根据各种不同的解构主义创意设计手法，选择其中一种，进行系列创意服装设计，每个系列3~5套服装，要求具备创意性和流行性。

本章小结

　　本章是围绕解构主义造型创意服装设计手法而展开的，是对这种非常重要的前沿设计方法论的集中阐释。首先，对解构主义作为反结构主义的又一种研究方法的概念加以解释，强调其核心理论是对于结构本身的反感，认为符号本身已能够反映真实，对于单独个体的研究比对于整体结构的研究更重要。又对解构主义的内涵加以深入阐述，运用解构分析的主要方法，对一个文本中的二元对立的消融性解读，即这两个对立的面事实上是流动的与不可能完全分离的。再从解构主义融入设计理论的角度，分析了设计学中，尤其是建筑设计领域中解构主义的应用方法。从而推导出了解构主义的两大特征：一是解构主义思想是开放的，不存在一个确定的边界，具有相对性特征；二是解构主义研究方法或者思路对于结果而言是没有尽头的，是可以被不断否定和反对的，从而产生新的形态，因而具有无终止的特征。

　　其次，基于解构主义最大的特点就是反中心、反权威、反二元对抗、反非黑即白的理论，所以本章仅以解构主义创意服装设计的四位代表人物为例，分别是高田贤三、川久保玲、马丁·马吉拉和侯塞因·卡拉扬，通过案例展现解构主义在服装设计领域的表现方式。如同解构主义本身的特性一样，它本就是开放的，同样也是无终止的，于是解构主义理念必然成为以永恒变化为核心的时尚创意产业的要旨。

　　再次，在第三节，也是本章最重要的一节中，介绍了解构主义造型设计的手法和原则，一是分离错位法，让打散后的造型重新形成一个完整而让人出乎意料的形态，并且不显得支离破碎；二是扭转交错法，将原本规则的结构进行扭转，使之看上去不再常规；三是转移功用法，要勇于将日常生活中的非服装类物件，通过合理化结构植入服装的造型中，由此体现出服装与其他物件共生共存的解构主义理念；四是反复折叠法，要追求塑造未曾出现过的形态。

　　最后，解构主义设计手法与结构主义的本质都是同样的，两者都具有很强的"结构"意识。其实，真正注重结构设计的服装才是具有生命力的创意作品，而非舞台上昙花一现的概念服装。无论是结构主义设计手法，还是解构主义设计手法，都需要对服装内在结构设计进行高度理性化的思考和深入的掌握。不仅如此，后现代主义的设计大潮，已经促使结构主义与解构主义趋于大同。

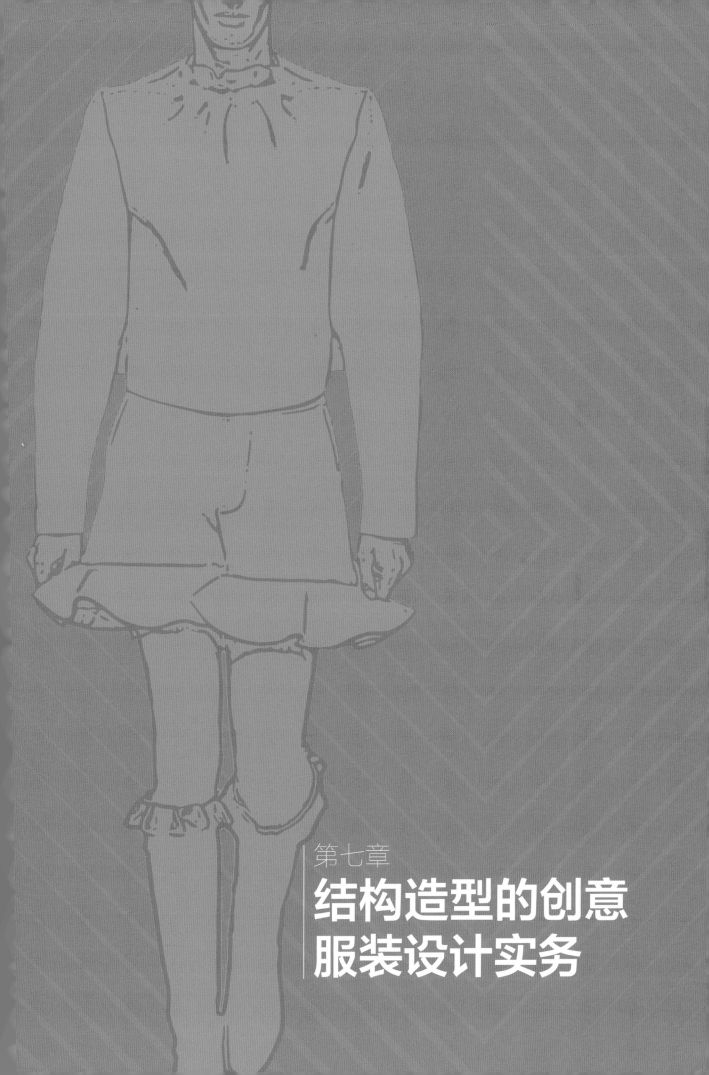

第七章

结构造型的创意
服装设计实务

第一节　材料的准备

　　人体是一个既充满变化而又生动起伏的复杂立体，在其运动后将产生更为多样的形态变化，并有着运动轨迹的自身规律，人体与服装共同构成的结构造型在于其彼此的空间中。因此，结构造型创意服装设计需要突破仅限于人体基本形体的板型设计的概念，要借助人体的基本形以外的空间以及结合材料的性能、特点进行设计构想，利用一切可能的造型手法，不断地创造出人体与服装材料在活动空间中重新组合的新形态。

　　创意服装设计不仅是对服装的创意方式，更是对原有服装形态的深入解读、重构和美化的过程。因而，结构造型创意服装设计的关键在于重建与创新，最大限度地解放思想与身体的束缚，通过坚持创新的理念来最终达到创意设计的真谛。

　　因而，当你准备开启一场真正的创意服装设计实务之旅前，本章将要再用一些篇幅来强调一个与人体和裁剪同样重要的因素，那就是材料，这一要素也许会给你的创作带来意想不到的效果。除了第四章中介绍的常用服装基础材料之外，还需要了解一些非常用的综合材料，并以此来进一步拓展结构造型创意服装设计的边界。

一、综合材料在创意服装中的应用

　　通过对结构造型服装设计理论与手法的阐述分析，我们知道服装创意设计的手法几乎是天马行空的，不过设计师在进行创意服装设计时，在使用前述各类手法来进行创意时，还有一些更为自由的做法。例如，对综合材料的选用，也是长期以来设计师们经常使用的手法。各种高科技面料和非服用材料的创新使用，不但使结构造型的风格表现更为突出，服装整体的视觉感和冲击力也大大提高。

　　材料作为服装设计的重要组成部分，不仅是服装结构造型的基础因素，更是服装设计创新的主要方式之一。在服装设计师各种不同风格的作品中采用对材料进行结构与解构的做法，更是达到了无所不能的地步，其中常见的表达创意设计风格的手法为对服用材料和非服用材料的结构造型创意处理。

　　对服用材料进行结构造型创意，可以运用高科技手段对面料进行改造，也可将平展的面料进行立体重塑。面料经过折缝、刺绣等工艺，改变了原有的材料外观或是将材料塑造成具有一定立体感的外形轮廓。这种服用材料的创意手法不仅可以丰富服装的视觉效果，同时为服装设计提供了一种新的思维模式和创新模式。此外，通过对不同色彩与质地的多种材料混杂组合，也是对面料进行创意的一种方法。

　　例如，毕业于伦敦中央圣马丁学院的方妍楠（Susan Fang），于2017年成立同名品牌Susan Fang，以"空气编织"为出发点，以感知和数学为重点，依据主题所需要呈现的视觉而创造新的纺织形态，通过颜色、印花和轮廓的变化，创造富有张力和意境的服装与配饰。在制作时，设计师同时穿插宽度不同的面料，两个固定点的距离也有所不同，或长或短，这些细微的改变，让服装上身后立马显现出女性的曼妙曲线，让原本方方正正的服装轮廓产生奇妙的新形态（图7-1）。

图7-1　设计师方妍楠的"空气编织"面料

图7-2　方妍楠2019年春夏系列采用更复杂的编织手法让布条进阶至3D模式

在2019年的春夏系列里，方妍楠摒弃了由铁丝支撑而成的立体廓型，而是采用更复杂的编织手法让布条进阶至3D模式，使用更加轻盈的纱质面料，直观地呈现方形几何体的线条和阴影，造就了独一无二的躯体律动（图7-2）。

非服用材料的运用是结构造型创意手法最为突出的方式，各种塑料、纸张、线、金属制品甚至电路板都被运用到服装设计当中，使服装充满高科技含量和未来感。例如，20世纪60年代初，帕科·拉班尼（Paco Rabanne）以设计金属、塑料等前卫材质的服装起步，还推出过以纸张、唱片、羽毛、铝箔、皮革、光纤、巧克力、塑料瓶子、短袜和门把手为材质的服装。如图7-3所示，1966年拉班尼推出第一个系列，也是他最为经典的"12件实验性的衣服"（12 Unwearable Dresses in Contemporary Materials）。他曾说过："我不相信任何人能设计出前所未有的款式，帽子也好，外套、裙子也罢，都没有可能……时装设计唯一新鲜前卫的可能性在于发现新材料。"下面归纳一些综合材料以供读者参考。

- 金属：如铜板、铜线、铁丝、薄铁片等；
- 木制品：通常是以薄木片、细木条的形式出现；
- 竹制品：以竹条为主要表现形式，以编织造型的方式进行运用；
- 线制品：如麻绳、皮条等，常以编织或悬垂的手法运用；
- 纸制品：如报纸、宣纸、餐巾纸、牛皮纸等的运用；
- 玻璃制品：如将玻璃珠、玻璃小碎片等，以拼接造型或是大面积点缀图案等方式进行运用；
- 塑料制品：如光滑的塑料，或是以塑料为原材料的塑料管、珠片、珠球等进行运用；
- 贝壳类制品：贝类动物的壳或者珍珠等，以拼接整合的手法进行运用；
- 羽毛类制品：将动物的羽毛或是仿羽毛制品以编织或堆砌的手法运用；
- 其他：如电线、废弃的易拉罐、塑料袋、树叶、植物枝干等的运用；

图7-3　帕科·拉班尼以金属铝箔设计的创意服　　图7-4　用纸质非服用材料创意设计的服装作品
装作品

　　另外，采用非服用材料设计的各种夸张、新颖的配饰，能够使服装的整体风格造型产生一定的改变，从而更好地烘托服装的独特感并体现出服装个性的精髓（图7-4）。同样，在服装内部结构上采用非服用材料，也在大量的设计作品中得以运用。

　　各类材料的性能和应用方法不尽相同，需要读者们不断尝试，适当加以融会与掌握。综合材料的应用对于创意服装设计而言，具有如虎添翼的效果。以下将服装风格与服用材料和非服用材料的选择关系制成表做一简介，以备读者参考（表7-1）。

表7-1　服装风格与各种服用材料和非服用材料的选择关系

服装风格	材料选择（服用材料）	材料选择（非服用材料）
华丽古典风格	多选用天鹅绒、绸缎、丝绒等高光材质，并常伴随高雅的手工刺绣	多选用金属材料或在面料上进行复杂的手工钉珠、手工拼接等
柔美雅致风格	多选用柔软、平滑、悬垂性强的材质，如雪纺、蕾丝等	可以选用柔软纸质材料或细稻草编织，如层叠的宣纸做出飘逸的效果、稻草编织的流苏带来的悬垂效果
民族风格	多采用朴素天然、手工性强的面料，如印花棉布、手工织物，常伴随蜡染、刺绣等装饰	多采用铆钉、链条、彩色珠球等在面料上拼接成图案，或是在材料上绘制、拼贴相应的风格图案
自然原始风格	多采用具有手工感觉的天然织物，如用蕾丝或纱线编织的不规则的网等，多强调不规则的表面效果及未加工的感觉	可以选用藤条、木条、木片、羽毛等亲近自然的材质进行编织或拼贴
前卫时尚风格	多采用表面经过加工处理的人造毛皮、牛仔布、有光泽的及有金属感的面料，有时也进行一些混搭	可以选用高反光材料，如塑料硅胶、金属等材料与传统面料相结合，使其产生强烈对比，以示其反传统、反体制

二、综合材料在服装上的应用特点

采用综合材料也使服装设计出现了一些新的特点，包括非服装性、模糊性、无中心性。非服装性主要通过非服用材料的质地来体现。各种纸张、木板、光盘片、电线、金属制品，以及人工合成材料等都被采用，给人带来一种另类的视觉享受。模糊性则主要指综合材料与各种服装风格的结合，使服装不再拘泥于一种表达方式，而转向更多技法的融合。尤其对配饰的造型使服装与配饰的主从关系没有明确的界限，原本属于次要地位的配饰也有可能喧宾夺主。配饰通过结构造型创意手法的运用作为一种个体的存在，它的意义似乎已大于服装本身，即无中心性。

综合材料的应用是对服装传统材料的颠覆。在当今时尚舞台上，服装设计中的结构造型创意设计手法突破了传统设计思维模式。设计师在颠覆与创造过程中，使服装设计出

图7-5　瑞克·欧文斯的综合材料与结构主义结合的创意服装作品

现了新的流行风潮，创造了更大的发挥空间。而社会大众求新、求异，表达自我的需求，又使综合材料这一别出心裁的手法有了更多运用和表现的领域。各种不同风格的服装在材料使用技法上的交叉融合，也日益满足了对服装功能性和表达个性的需求。

例如，被称为"歌德式极简主义"设计师的瑞克·欧文斯（Rick Owens），受俄罗斯结构主义影响，其作品强调建筑架构的外套和著名的斜纹剪裁，低调地包裹着身形，明确的信息从毛边处传达出来。他用立体几何的形式展示了服装结构，有着非常强烈的视觉冲击力，是综合材料与结构主义风格混合交融的典型案例（图7-5）。

由此可见，在进行结构造型创意服装设计实务开始之前，完全有必要对综合材料的选择和使用加以考量，这将对后面的创意设计提供意想之外的帮助，也能对所采用的设计方法给予有益的补充。

 思考与练习

● 思考并准备一些综合材料，选择那些更有利于服装结构造型创意表现的材料。
● 根据所选择的综合材料进行局部或者整体的结构造型处理，使之更适合于服装中的应用，要求进行3种材料的处理。

第二节 服装创意设计步骤

一、寻找灵感

灵感是创意服装设计全部过程的起点与核心，没有灵感的设计就如同没有灵魂。从表面上看，灵感具有突发性，似乎是灵机一动的"顿悟"。其实，创意服装设计的灵感是有迹可寻的。本节将就寻找灵感的方向和领域加以介绍。

（一）灵感来源于艺术界

音乐、绘画、大众通俗文化等，都是激发服装设计师灵感的强大动力。相较而言，绘画作品同服装设计的关系更为密切，许多著名的服装设计大师都曾经从艺术家的画作中寻找创作灵感。例如，图7-6所示的创意设计作品的灵感就是源于后印象派大师梵高的作品《鸢尾花》而创作的。

同服装一样，建筑物的造型特色、艺术风格也都是受社会文化、艺术思潮的影响而形成的。建筑艺术还能为服装提供丰富的创作素材，甚至成为服装设计的灵感源泉。当建筑轮廓运用于服装设计时，服装于线条、于轮廓都贴合人体结构，廓型与颜色结合建筑特征，将女性的柔美与建筑的冰冷强势感融合，由内而外散发出现代女性精致、独立的姿态。中国明清时期建筑的大屋顶曾经给著名服装设计师皮尔·卡丹强烈的震撼，从而设计了一系列中国风的作品，还有瓦伦蒂诺则受屋顶上扬的飞檐造型的启发，设计了经典的大檐女帽（图7-7）。

（二）灵感来源于传统文化

对于服装设计师来讲，各个国家、各个地区的政治、历史、地理、文学等丰富的传统文化是一座永不枯竭的灵感宝库。世界上不同的国家又有着各异的历史传统，也为服装设计师提供了取之不尽的灵感来源。例如，古罗马帝国拜占庭时期的文化就经常成为设计师们创意的起

图7-6 灵感源于后印象派大师梵高的作品《鸢尾花》而创作的服装作品

图7-7 瓦伦蒂诺受屋顶上扬的飞檐造型的启发设计的经典的大檐女帽

图7-8　灵感来源于古罗马帝国拜占庭时期文化的创意服装设计作品　　图7-9　《只此青绿》服装造型

点，尤其是当时鼎盛的马赛克工艺和宗教文化元素等（图7-8）。

再如2022年中央电视台春节联欢晚会上，舞蹈诗剧《只此青绿》选段以一股"青"流博得满堂彩，而其后的全国巡演更是一票难求。该剧讲述了一位故宫青年研究员"穿越"回北宋，以"展卷人"视角"窥"见画家王希孟创作《千里江山图》的故事。设计师阳东霖担任服装总设计的工作，他将画中意象、宋代美学呈现在舞台上。在他看来，衣服是穿在身上的文化，将传统文化融入服装设计，是《只此青绿》引起人们共鸣的原因。舞者身姿绰约，好似在不断变化的重峦叠嶂中踏水望月而来。这样震撼的画面离不开服装的巧妙设计，尤其是从服装的结构造型上强调宋代美学的雅致感，用石青与石绿作为底色，让袖子叠搭在一起时如同山峦起伏，用服装的层叠感形成山峦层叠之势（图7-9）。

（三）灵感来源于民族文化

世界上不同的地区与不同的民族在民族心理与民族精神方面同样也具有鲜明的个性。民族文化的发展是基于对历史传统的延续，民族服装文化也同样以传统服饰文化为基础而发展。例如，三宅一生以日本传统服装的审美理念，用金属丝、塑料片结构的服装灵感就来自日本武士的盔甲装束。

我国56个民族各自具有丰富且个性十足的文化特征。众多民族都拥有非常独特的文化形式，金属工艺、刺绣、蜡染等多方面的成就都是民族智慧的结晶，具有鲜明的民族特色。例如，在图7-10所示的创意作品中，上衣为印有东方传统龙纹图案的紧身套衫，而腰间又束有西欧服装史中经典的紧身胸衣撑垫结构，是极佳的中西合璧风格创意设计作品。

再如，让-保罗·高缇耶在2015年秋冬高级定制时装周上，其灵感源于法国布列塔尼（Brittany）地区，那里绚烂多姿的民族服饰为高缇耶开启了一场航海旅程。"条纹"元素贯穿始终，开场的海军条纹直入主题，打造出让人畅快呼吸的氛围，而这又不仅仅是一场旅行，更像是一次盛大的聚会。黑色的主色调也并不单一，多色的火焰式花纹刺绣雕琢着民俗图腾，在裙摆、头饰上绘出民族历史文化的痕迹，极尽奢华（图7-11）。

图7-10 灵感来源于西方紧身胸衣和东方纹样的创意服装设计作品

图7-11 让-保罗·高缇耶2015年秋冬的设计作品源于法国布列塔尼地区的民族服饰

（四）灵感来源于大自然

人类生活的外部世界同样为设计师提供了丰富的设计素材。自然界中山川河流、自然景观、风云雨雪等自然现象让设计师感受到了自然界的壮美与神奇，造型与材质的肌理变化为服装设计师提供了具体的设计依据。

大自然本身就是一件完美的艺术品，它以阳光、流水、春风等方式为人们塑造壮美山河。它的美感能够充分激发人们的创作灵感。原因在于大自然中的各种客观事物和景观都具有天然美、色彩美及形态美，可使人们感受到最为直观、形象的创作灵感。对于服装设计师而言，通过直观、形象地观察自然物象获得感性认知，再通过抽象思维和艺术加工，融进服装结构造型和风格的设计中（图7-12）。

与人类共同生活在这个星球上的动植物为人类提供了取之不尽的灵感来源。动物天然形成的毛皮纹理为服装设计师提供了丰富的设计素材。在设计师的作品中，模仿动物皮毛图案的现象更是屡见不鲜。动物的造型、皮毛、花色，植物的形状、色彩，岩石的纹理、质感等都常常是灵感来源（图7-13）。

设计师通过观察认识到生活和自然中的美丽色彩、形态，产生回归自然的愿望。自然界中的花草树木的色彩、形态，天空云彩的绚丽，鸟兽的形态，山川河流的层叠等自然元素可以使人和自然形成协调感，使设计的创意服装作品体现出独特的艺术思想（图7-14）。

（五）灵感来源于社会文化

设计师应该具有敏锐的社会洞察力与积极的生活感受力。在

图7-12 灵感来源于自然界美丽肌理的结构造型创意服装设计对比图

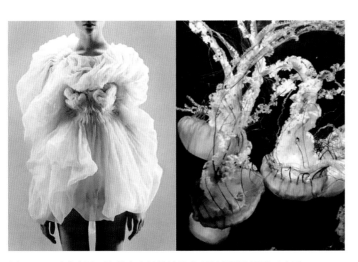

图7-13 灵感来源于海洋中水母的结构造型创意服装设计对比图

图7-14 借鉴植物造型来创造人与自然和谐相处的创意服装设计作品

图7-15 艾里斯·范·赫本2018年秋冬"晕厥"系列作品中的3D打印服装

社会科技发展带给服装设计师大量新材料与新技术的同时，社会发展的政治经济事件、日常生活的点滴经历等也都是激发服装设计师创作灵感的重要内容。例如，历史上反传统的"嬉皮士"及"朋克"的社会风潮，促进了材质混搭的新流行。

第六章中介绍的侯塞因·卡拉扬就是充分吸取来自社会文化的灵感的代表人物（参见图6-12、图6-13）。再如，随着三维立体打印技术的出现，用这一技术进行创作的作品已蔚然成风。其中，最有代表性的就是荷兰设计师艾里斯·范·赫本（Iris Van Herpen）。求学期间，她在荷兰艺术学院（ARTEZ）攻读时装设计专业，如今已是一名享誉全球的3D时装设计师。她自述道："有时候普通的面料会让人觉得死气沉沉，因此，我试图将生活气息带入其中，虽然很难，但这才是我的设计的最终目的。"

艾里斯·范·赫本一直致力于抹去面料本来的痕迹，因此有时会让人觉得她的设计是轻盈的艺术品。她运用3D打印技术的各种排列方式，让面料充满了新的属性、灵动的气质，以及与众不同的力量感。在2018年秋冬以"晕厥"为主题的系列作品中，她打造出了一个光怪陆离的海底世界。赫本将生物特性与科技结合，打破了空间的界限，依靠特殊材质的折射效果展现了深海奇妙多变的世界。她还将丝绸、薄纱、聚酯薄膜等综合材料，经过工艺处理以特殊的形态展现在人们的视线中，一个个"轻舞"的波浪线与翻折的切面都仿佛流动的海水，让服装充满了动感（图7-15）。

再如，随着二维码的诞生和在生活中的广泛应用，二维码造型和像素元素风靡一时，许多设计师都将这一形态和要素作为服装创意设计的灵感来源。如图7-16所示的这件结构造型创意服装设计作品，运用了编拼手法，并巧妙地将二维码编入其中，正是从社会生活中来源的灵感例证。

总之，创意服装设计的灵感无处不在，只要设计师们保持敏感与好奇的心态，不断地寻找创作源泉，并从中获取结构造型的要素和与之相应的材料，就一定能够诞生与众不同的非凡创意设计作品。以下介绍一些寻找灵感来源的常用方式。

- 博物馆；
- 美术馆；
- 服装展览、时装表演；
- 图书馆；
- 历史服装、民间服装、民间艺术；
- 手工艺；
- 社会影响，如时尚活动、音乐、电影、文学、诗歌、戏剧、舞蹈等；
- 生活方式主题，如建筑、室内设计、社会事件等；
- 报纸杂志报道和时尚预测等。

图7-16　这件以二维码为灵感来源的编拼创意服装还能被手机扫描阅读

二、草图本

你有没有觉得设计灵感是突然之间的灵感乍现，认为灵感总是在某一个不确定的时间，突然出现在我们的头脑中，稍纵即逝，很难捉摸。事实真的是这样吗？如果我们仔细分析就会发现，所有的灵感都是瞬间的感性的发现，顺藤摸瓜，总会找到"灵感"的来源。我们在生活中所见、所闻、所感的一切都可能是灵感来源，灵感就是这些残留在我们脑海之中的日常生活经验的片段。因而，草图本或者平板笔记本就成为服装设计专业学生工具箱的重要部分（图7-17）。它们常与一架照相机一起使用，构成能激发灵感和储存设计资源的便携式文件夹。草图本可以记录下感兴趣的一切，如对人工制品的印象、人体姿势、布料细节、颜色、环境等。经过多年，草图本可以成为大型档案和供应源，可以提供令人深入思考的想法。

在任何时候都坚持使用草图本是很有帮助的。为了方便，可以变换使用大小和纸质不同的草图本。小草图本可以随身携带，在商店或公共交通工具上看到小片布块或有兴趣的设计细节便可以将其收集或记录下来。大一点的草图本则可以用来素描、彩绘，以及发展更为复杂的构思。有时，大一些的图可以使一个构思显得更有分量。展开式便签簿很有用，因为其纸质几近透明，身体的站姿和轮廓可以被很快地描下来，而细节可以得到便捷的修改。

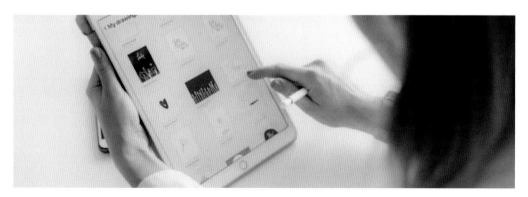

图7-17　时下用平板电脑作为草图本的现象也很普遍

一本好的草图本会成为了解设计者原创思想的创造性思考过程和线索的一扇窗户。设计专业老师偶尔会想看看学生的草图本，在创意结束时或在学业课程的某几个时段也需要对草图本进行评价，不时也会要求以一个确定的设计目的画草图。例如，在国外旅游的视觉日记或关于某个发现或主题的资料图。针织和印花设计专业的学生还需要记录色彩和染色试验（图7-18）。

碎片是从杂志、报纸、展览会节目单、明信片、广告单等上面撕下的图片。收集喜欢的图片有助于确定可以激发创作灵感的情绪或造型——但不要直接复制。当然，拼图也不一定需要是同时期的。例如，二手书店是不寻常的视觉元素和参考材料的来源渠道之一。复印件很有用，但不要使用太多，否则作品会呈现出一种"间接来源"的形象。

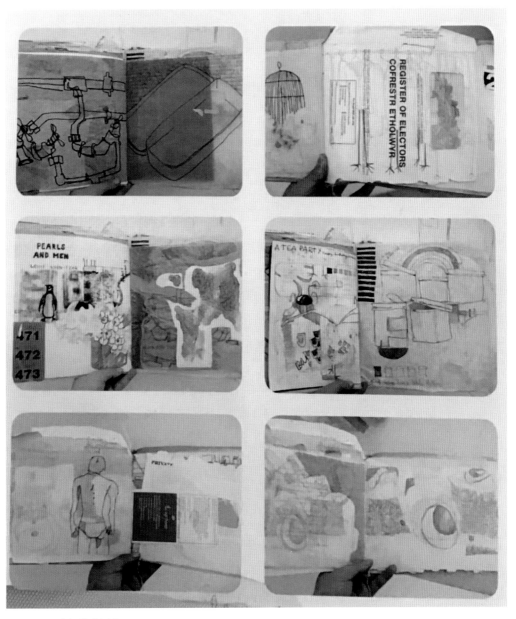

图7-18　一本好的草图本

三、氛围板

一旦从研究中收集了足够的图像和想法，开展创意设计就变得可能了。这时候需要着手做一个"氛围板"，这是对设计概念和设计意图的更加正式的陈述。它可以通过仔细安排和整理的图片或碎布片来完成，就像制作杂志的页面一样。我们平时会将图片和面料小样别在泡沫板上（中心是塑料泡沫做的），而不是将它们粘起来。泡沫板很轻，但可以承受布料的重量，并为讨论构思造就一个灵活的关注焦点。而氛围板就相当于将每个阶段的片段整理成为一个方面的初步构想，并且包括以下这些部分。

（一）主题氛围板

首先要确定的是整个系列的主题，它来源于灵感，相应的需要制作主题氛围板。它如同一篇文章的题目，概括和统领着设计的主线、核心要素、格调等宏观内容。

前期调研的重要性在于设计之前对主题进行深度了解和横向发展，以此获得更多受启发的渠道，从大量的图片文字中逐渐筛选、清理出某些线索和思路。对于结构造型创意服装设计而言，这是收集资料、了解背景知识、梳理思路的过程，同时也是厚积薄发的过程。

对于筛选和思索的结果，用拼贴的方式制作出主题板是最直观的呈现方式。它既是设计者思考与体会的梳理和总结，也给观众做了直观展示。图7-19所示的氛围板就是以"废土"为主题，展现了因战争而留存下来的物理和心理创伤。图7-20所示则是以"少女梦"为主题的氛围板，展现出一番梦境中的少女心思。一句话，主题板的制作并没有固定的模式和规范，设计者应从内心出发，去追求和创造结构造型的表达意愿，并摆脱束缚和羁绊，体现设计师的想法和创意。

（二）廓型氛围板

前面我们已深入阐释了廓型之于服装造型的重要性及其与结构的关系，并且在不断地解析着构造廓型的方式、方法。因此，廓型氛围板是仅次于主题来确定的造型特征。一般而言，在廓型氛围板中主要应当体现出将要创造出的整体造型风格和外形轮廓。图7-21所示的廓型氛围板就非常明确地展现了设计者想要表达"赛博朋克"的廓型风貌，尤其是对多体块叠加廓型

图7-19　以"废土"为主题的氛围板　　　　图7-20　以"少女梦"为主题的氛围板

的表达令人印象深刻。

再以图7-22所示的氛围板为例，为了表现"孤独症"主题的另类特征，设计者在氛围板中充分展示了各种与众不同的整体廓型图片，用以表达自身将要实现的造型风格与叙事意境。

总之，廓型氛围板是一个主题系列展开的起点，也是结构造型创意服装设计的起点。它支撑起了整个系列作品的框架，并给设计师以创意延展的定位和锚点。

（三）色彩氛围板

虽然在结构造型创意服装设计中色彩并非主要元素，但由于色彩依附于造型，而造型又必然具有色彩，而且色彩的感性作用对于服装的结构造型具有强大辅助作用，所以，色彩氛围板的构建正是对廓型氛围板的情感补充和氛围烘托。

例如，图7-23所示的氛围板呈现出的是一种温暖、静谧、柔和的色彩系统，舒适而甜美，符合优雅、闲适、复古的结构造型，以及田园与女性化的风格。而图7-24所示的色彩氛围板则呈现出冷漠、深邃与科幻的感觉，适合表达未来主义风格的结构造型，以及酷炫、光电科技等主题。

由此可见，色彩氛围板必然与结构造型的风格相匹配，否则色彩系统就是无源之水、无本之木。此外，在色彩氛围板中必须能从图片中提取主要的色彩，并最终应用到服装的设计中，以起到其应有的功效。

图7-21 以"赛博朋克"为主题的廓型氛围板

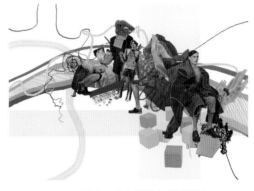

图7-22 以"孤独症"为主题的廓型氛围板

图7-23 适合于表现田园复古女性风格的色彩氛围板

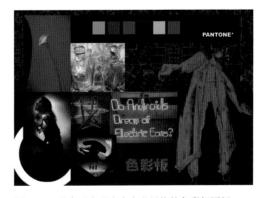

图7-24 适合于表现未来主义风格的色彩氛围板

（四）材料氛围板

材料是构成服装的物质基础，所有的结构与造型都依赖材料来实现，因而也是必不可少的氛围板内容之一。在材料氛围板中一般需要展现所用材料的小样或者图片效果，尤其是服装主体所采用的面料，以及构建结构造型所需要的辅料。例如，在图7-25所示的材料氛围板中就清晰列出了该系列所应用的所有面辅料图片，还包括一些面料再造的小样。再如，图7-26所示的材料氛围板也表达了系列所用的各种材料以及面料再造的图片小样。所不同的是，图7-26的氛围板还加入了材料所塑造的廓型，以及与主题相呼应的造型效果，表达了一定的材料内涵。

图7-25　系列所用材料的氛围板案例1　　　　图7-26　系列所用材料的氛围板案例2

四、设计稿与效果图

当完成了整个创意设计的氛围板，也就是初步的构想框架全都成型之后，就可以绘制设计图稿了。此时的设计稿较之于随想、随记的草图而言，要能够体现出比较清晰的设计构思和预想效果，但又不必是一份完整而精美的效果图（图7-27）。

因为设计过程本身就是一个不断试错和调整的过程，尤其在结构造型创意服装的创作领域中更不可能一蹴而就，很多外在廓型与细部结构通常都需要反复试验，并不断修正最初的设计，才能呈现出最佳的效果。因此，设计稿也是需要经常修改和增补的，还可以采用过程中的表达方式。图7-28所示的设计调整中还用Photoshop的软件处理方式嵌入了制作过程中的抹胸立裁照片效果。总之，设计稿是为设计意愿的最终实现服务的，不需要拘泥于一时的状态和表现手法。

效果图与设计稿的不同之处在于，设计稿主要是为设计师本人的创作服务的，是设计过程中的重要步骤，有时候也许只有设计师自己才能理解其中所绘制线条和块面的内容和含义，类似于艺术创作的手稿。而效果图则更倾向于给他人看，如设计指导老师、投稿大赛的评委，以及供稿的客户等，因而效果图讲求美观性、完整性、表达性。总之，效果图要求尽可能直观、详实、清晰地表现出设计构思和未来作品的效果，力求能够给观者以较强的艺术感染力（图7-29、图7-30）。

图7-27　能够传达出设计构想的系列设计稿1

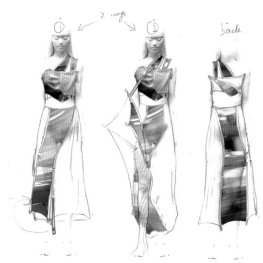

图7-28　能够传达出设计构想的系列设计稿2

图7-29　参加大赛的效果图范例1

图7-30　参加大赛的效果图范例2

五、白坯制作

在对设计方案有了比较清晰的构思和形象的表达以后，就可以对照设计稿，并通过平面和立体的方式进行白坯布的裁剪和制作。但有必要强调的是，随时将制作过程和各个阶段借助摄影的方式记录下来，并将这些过程照片放置到设计册中（图7-31）。

六、成衣制作与拍摄

当白坯的制作完成之后，基本上可以对最终用真实面辅料制作的服装造型和结构有了相当的把握，但此时仍然需要根据实际材料与白坯布的差异进行适度调整。真实面料的厚薄、轻重、软硬等必然会与白坯布有所差异，由此而产生的结构造型也会有所不同。这时就需要修改板型以适应面料的变化，如增量或减量、将圆弧修顺或添加隆起等。有些调整也可以通过使用辅料来达到设计目的，如烫黏衬和加龙骨等，甚至有时还需要更换局部的面辅料以适应结构造型的需要。

另外，成衣制作对工艺有着较高的要求。虽然创意服装不及成衣的制作工艺标准高，但

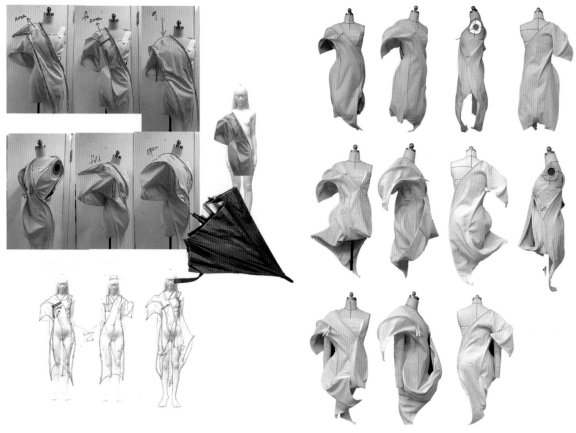

图7-31 白坯制作过程的照片记录

图7-32 最终的成衣效果照片案例1

图7-33 最终的成衣效果照片案例2

也要讲求完成度和品质感，因而在进行裁剪、缝制、烫衬、夹里和收边等步骤时，力求精致也非常重要。完成度高的作品，即使简洁明快也能给人以赏心悦目的感觉。总之，成衣的制作是服装创意设计过程中最重要的步骤，前面所有的工作和准备都是为了最终成衣的完成效果而做的铺垫，成败在此一举。当最终令人满意的成衣制作完成后，可以拍摄大片并放置于设计册的结尾部分（图7-32~图7-35）。

图7-34　最终的成衣效果照片案例3

图7-35　最终的成衣效果照片案例4

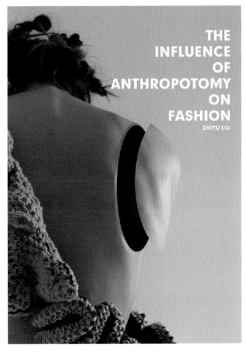

THE
INFLUENCE
OF
ANTHROPOTOMY
ON
FASHION

ZHIYU LIU

图7-36　以人体解剖学为系列主题的创意服装设计系列

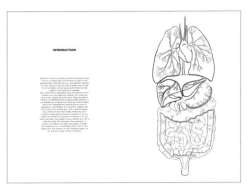

图7-37　设计主题的由来介绍

思考与练习

● 思考并充分做好主题的准备,选择一个灵感来源以开始服装结构造型创意之旅。

● 根据本节所列出的创意设计步骤,有目的、按程序、富创意、重细节地完成3款结构造型创意服装设计,并制作一本设计手册,这将是一份对结构造型创意服装设计掌握效果的总结性实践报告。

第三节　结构造型创意服装设计案例实务

为了更好地帮助设计者完成一个系列的创意设计和制作等工作,本节将通过一个完整的结构造型创意服装系列设计研发过程案例的阐述,来展现如何科学严谨地进行主题性结构造型创意服装设计。这个系列的概念来自《人体解剖学对服装设计的影响》,设计师为刘志宇(图7-36)。

设计师首先介绍了主题的由来,认为今天的时尚让人们过于注重自己的外表,而人的内脏器官和外表一样需要理解和关怀。然而,长期以来由于解剖学一直是医学研究的领域,很少有人了解人体的内脏结构,解剖学在服装结构造型设计中或许可以有更具创意的表达方式(图7-37)。

其次，设计师对中外历史上人体解剖学的发展历程进行了梳理，从而了解到解剖学与艺术之间密不可分的关系（图7-38、图7-39），以及在服装设计中的表现形态与方法。通过扎实且充分的调研，设计师深入分析了包括一批年轻设计师（LIJIN CHEN，ZHICHUN LIN，CHUNRU YANG）在2010年发表的作品（图7-40），让-保罗·高缇耶于2009年发布的系列创意（图7-41），凯蒂·尔瑞（Katie Eary）在2010年的品牌设计（图7-42），杰米·艾维斯（Jamie Avis）创作于2012年的风衣作品（图7-43），以及2015年由比比安·布鲁（Bibian Blue）品牌发布的系列作品（图7-44）等，都从不同的视角考察了解剖学对于服装

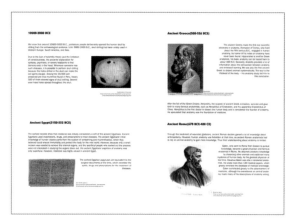

图7-38　设计师对解剖学发展历程的探索1

图7-39　设计师对解剖学发展历程的探索2

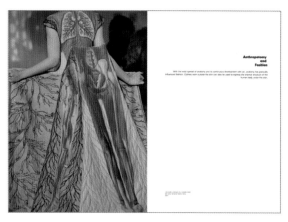

图7-40　解剖学在服装设计中的应用调研1

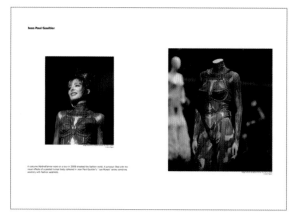

图7-41　解剖学在服装设计中的应用调研2

图7-42　解剖学在服装设计中的应用调研3

图7-43　解剖学在服装设计中的应用调研4

图7-44　解剖学在服装设计中的应用调研5

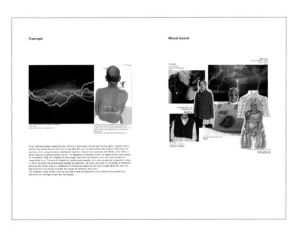

图7-45　主题氛围板

图7-46　材料氛围板

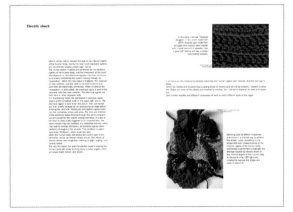

图7-47　细部结构氛围板

设计中结构造型的影响。

在进行了充分的文化考察和调研之后，设计师开始了对这个主题的独特阐释，并将其概念以氛围板的形式表现出来（图7-45）。该主题将因闪电伤害而造成的人体损伤与解剖学相关联，并由此进入服装结构与造型的创意探讨。

在灵感源的引导下，设计师开始对系列服装的色彩、材料和细部结构等通过氛围板加以塑造和演绎（图7-46、图7-47），从而确定了以手钩编织和针织面料为主的结构造型方法，以及闪电的造型图案。

在做好充分的调研和构思以后就可以开展设计稿、款式图以及白坯布的制作了。设计师从大量的款式中选择了4套服装进行成衣制作（图7-48~图7-52）。

根据主题，设计师还设计并制作了一系列以解剖学为设计理念的服饰配件，如以心脏和肠胃为造型的斜挎包，可谓点睛之笔（图7-53、图7-54）。

最后，为了进一步渲染作品的结构造型视觉效果以及主题氛围，设计师拍摄了极具艺术感染力的大片将整个设计作品推向高潮（图7-55~图7-59）。整个系列拍摄以红色光线为主从而削弱了色彩的差异，但进一步强化了结构造型的特征和创意的魅力。由此可见，一位优秀的设计师在对自我作品和风格的表达上，不仅要具备服装实体的塑造能力，还需要有很强的视觉

图7-48　24款系列设计稿的绘制

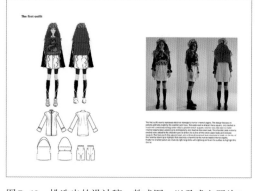

图7-49　挑选出的设计稿、款式图，以及成衣照片1

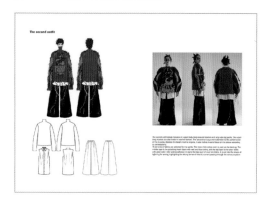

图7-50　挑选出的设计稿、款式图，以及成衣照片2

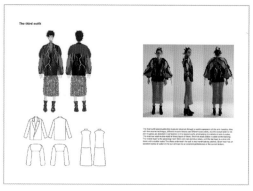

图7-51　挑选出的设计稿、款式图，以及成衣照片3

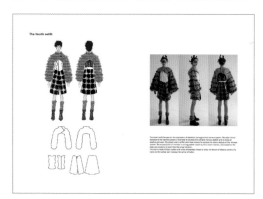

图7-52　挑选出的设计稿、款式图，以及成衣照片4

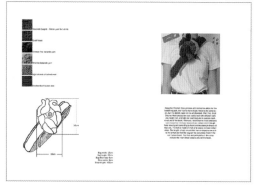

图7-53　以心脏造型为灵感的包袋设计

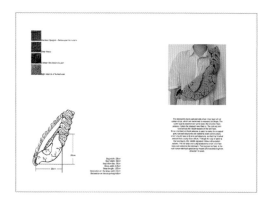

图7-54　以肠胃造型为灵感的包袋设计

图7-55　作品大片1

图7-56　作品大片2

图7-57　作品大片3

图7-58　作品大片4

图7-59　作品大片5

表现力和控制力。

　　通过本节对这一案例的介绍和展示，希望可以在为各位读者展现一套完整的结构造型创意服装设计与实现过程的同时，还能够给予广大的服装设计专业学生和相关从业人员，以及爱好者们以灵感启发和创作激情。让我们共同为实现服装结构造型的无穷创意而谱写属于各自独特风格和思维的绚丽篇章，这也是笔者撰写本书的目的和宗旨所在！

 思考与练习

　◉ 思考选择怎样的场景、模特和拍摄方式最有利于表现服装结构造型创意设计风格。
　◉ 对创意作品进行艺术化摄影，并排版制作成一本摄影册。

本章小结

　　本章是基于开展结构造型创意服装设计的实际操作流程，以创意设计实务中的现实步骤来介绍的。首先，就是材料的准备，除了基础的人台、白坯布和工具等常用服装材料外，还要掌握一些非常用的综合材料，并以此来进一步拓展结构造型创意服装设计的边界。其中既有服用材料也有非服用材料，而且各种材料的综合具有非服装性、模糊性和无中心性的特点，其应用方法也各异，需要大胆尝试和灵活运用。

其次，就是关于结构造型创意服装设计的实务流程介绍，旨在为读者提供从零开始的步骤讲解。第一步就是如何寻找灵感，这是整个设计步骤的起点和灵魂，可以从艺术界、传统文化、民族文化、大自然和社会文化中获得无限灵感的启发。第二步是进行草图的绘制，草图本是不可或缺的日常积累的工具，将点点滴滴的灵感和思绪汇总在一起，可以是纸质的，也可以是电子的，更可以是实物剪贴的。第三步就是制作氛围板，这是对设计概念和意图的更加正式的陈述，通过仔细安排和整理的图片和面料小样来完成，就像为杂志所做的页面，包括主题、廓型、色彩、材料等氛围板。第四步则是设计稿和效果图的绘制，在前期所有准备充分的条件下，一些款式的造型和结构已经在脑海中生成，就要尽可能详细地将其记录于纸面，并不断修正，设计稿和效果图因用途而略有差异。第五步是白坯布的制作环节，这是整个结构造型得以实现的关键一步，是从设计稿到成衣的过渡环节，却决定了所有裁片及其组合的方式，这个环节是开展实验的重要步骤。第六步就是按照白坯布确定下来的板型来裁剪真实的面料和材料，此时仍然需要根据实际材料与白坯布的差异进行适度调整，然后将它们以一定的工艺缝制起来，制作成衣，完成以后就可以在模特穿着的情况下进行拍摄和记录。

第三节，是本章也是本书的最后一节，是以一套完整的案例分解作为结尾。这个案例是留学意大利的一位学生的毕业设计作品，全面记录了他是如何从解剖学的学科历史和电击伤害的生物学特征中获得灵感，并将其一步步演绎为一系列的结构造型创意服装设计作品的过程，相信这个案例将会给予读者以更为详尽的示范。